Leonardo Sousa dos **Santos**

DENDEICULTURA, POLÍTICA PÚBLICA E TRANSFORMAÇÃO DA PAISAGEM NA MICRORREGIÃO DE TOMÉ-AÇU

Leonardo Sousa dos **Santos**

DENDEICULTURA, POLÍTICA PÚBLICA E TRANSFORMAÇÃO DA PAISAGEM NA MICRORREGIÃO DE TOMÉ-AÇU

Editora Itacaiúnas
Ananindeua - Pará 2020

1ª edição

Diagramação: Deividy Edson
Preparação e organização de originais: Walter Rodrigues
Projeto de capa: Leonardo Sousa dos Santos
Bibliotecários Odilio Hilario Moreira Junior - CRB-8/9949

Autor

Leonardo Santos, pesquisador e militar do Corpo de Bombeiros do Estado do Pará (2º Tenente QOABM), é doutor em graduado em Geografia pela Universidade Federal do Pará (UFPA) e mestre em Ciências Ambientais pela Universidade Estadual do Pará (UEPA). Possui graduação em Geografia (IFPA) e Gestão de Sistema de Segurança (UNAMA). Possui especializações em Defesa Civil, Geotecnologia: Geoprocessamento e Sensoriamento Remoto, Gestão de Recursos Hídricos: Governança e Sustentabilidade, Gestão Ambiental e Desenvolvimento Sustentável e Meio Ambiente. Também é técnico em Geodésia e Cartografia (IFPA), com 20 anos de experiência na área de Segurança Pública e 7 anos de Proteção Civil no Corpo de Bombeiro. leonardodrgeo@gmail.com.

Dados Internacionais de Catalogação na Publicação (CIP) de acordo com ISBD

S237d Santos, Leonardo Sousa dos

Dendeicultura, política pública e transformação da paisagem na microrregião de Tomé-Açu / Leonardo Sousa dos Santos. - Ananindeua, PA : Itacaiúnas, 2020.
106 p. : il. ; 14cm x 21cm.

Inclui bibliografia e índice.
ISBN: 978-65-88347-02-7

1. Dendeicultura. 2. Amazônia paraense. I. Título.

CDD 633.85
2020-1703 CDU 633.85

Elaborado por Odilio Hilario Moreira Junior - CRB-8/9949

Índice para catálogo sistemático:
1. Plantas oleaginosas 633.85
2. Plantas oleaginosas 633.85

SUMÁRIO

Apresentação

Senti algo inédito no final daquele 10 de dezembro de 2020. Até o presente momento, orientei cinquenta trabalhos de final de curso de graduação e vinte e duas dissertações de mestrado. Foram mais de setenta almas libertas para os próximos capítulos de suas vidas. No entanto, naquela tarde de terça-feira, senti um vazio e uma saudade bonita. Depois que a banca examinadora, composta pelas pesquisadoras Arlete Silva de Almeida (MPEG/PPGEO), Paula Fernanda Viegas Pinheiro (UFRA), Maria de Nazaré Martins Maciel (UFRA) e os pesquisadores Christian Nunes da Silva (NUMA/PPGEO) e Orleno Marques da Silva Junior (IEPA), sendo eu o presidente, anunciou a aprovação da tese de doutorado de Leonardo, Dendeicultura e transformação da paisagem rural na microrregião de Tomé-Açu, nordeste paraense. Surgia ali o primeiro doutor da minha lavra de orientandos.

Adoro quando os alunos solicitam orientação e sinto-me realizado quando compreendem que as gerações futuras estão à espera de nossas pesquisas. Sem importar se é iniciante, graduado, mestrado ou doutorado, as pesquisas devem ser comprometidas com a construção de um conhecimento adequado para uma vida digna, como lembra Boaventura de Souza Santos.

Deve-se emancipar não somente o orientador da vida acadêmica através da validação de seu trabalho sob um título, mas também contribuir para libertar o campo científico da ignorância e do colonialismo do conhecimento a que estamos submetidos, sobretudo na Amazônia. Leonardo me procurou por e-mail, provavelmente no final de 2016, perguntando-me se poderia me orientar na tese de doutorado. Pedi para que me escrevesse algo e eu responderia.

A resposta foi a germinação de uma relação de respeito e admiração mútua pelo trabalho, além de uma constante vontade de aprimoramento. Orientandos como este são raros e todo pesquisador sério gostaria de encontrá-los. Ao se inscrever no Grupo de Pesquisa Dinâmicas Territoriais do Espaço Rural na Amazônia (GDEA), participou de reuniões de orientação e elaboração, confeccionou artigos, mapas e encontros da área. Isso acontece porque uma tese é pouco relevante se o pesquisador não deixar um legado.

A orientação do pesquisador deve ser direcionada para as gerações futuras. A pesquisa assume a forma de testamento, um legado que se deixa para facilitar outros caminhos. É aqui que reside o mérito da pesquisa desenvolvida por Leonardo. Como parte de sua dissertação de doutorado, este livro tem como foco principal a relação entre a dendeicultura, a política pública e a alteração da paisagem na microrregião de Tomé-Açu.

Inicialmente, reconstruí os caminhos e descaminhos para a formação da dendeicultura da Amazônia. Em seguida, apresenta-se o conjunto de ações políticas que governam, mantêm e estruturam este processo de produção do espaço, denominado dendeicultura. A produção do espaço também é uma metamorfose na roupagem do espaço, que é a paisagem.

A partir deste momento, dedica-se à reflexão aprofundada e exaustiva das mudanças na paisagem da Microrregião de Tomé-Açu. Mostrando as alterações na paisagem nas áreas de plantio dos dendezeiros, afunilando para o estudo de caso das paisagens na Agropalma, inclusive mostrando isso na disposição espacial do arruamento. Em seguida, apresenta algumas recomendações.

Neste livro, o leitor encontra um esforço para relacionar duas categorias aparentemente distintas, a paisagem e a política; pois, nas análises sobre a paisagem, não se faz uma ligação desta com a ação política e, assim, quando se analisa a ação política, não se considera suas consequências na paisagem.

É como se uma categoria pertencesse ao campo da natureza física e a outra ao campo da condição humana, sem diálogo. Além disso, o autor salienta que somente com a ação política será possível compreender de forma clara as reconfigurações das unidades de paisagem na microrregião de Tomé-Açu, considerando o dendezal como uma unidade de paisagem global, cuja anatomia é compreendida ao considerar a ação da cadeia produtiva global de óleos vegetais e seus impérios alimentares.

No dia seguinte, conversei com a Cleo, então secretária do PPGEO, "acho que o vazio é uma saudade bonita", uma vez que o doutorado é o estágio final da carreira acadêmica, quando muitos doutores se tornam pesquisadores. Como pai, senti que o filho cresceu, aprendeu a se levantar quando caiu e aprendeu que a pesquisa deve ser coerente e coerente. Leonardo sempre foi um pesquisador, faltava-lhe somente o título de doutor. O meu objetivo enquanto orientador foi equilibrar sua curiosidade, criatividade, resignação, paciência e grande capacidade de concentração com uma leitura aprofundada, rigor metodológico e dados primários.

Pronto. Eis a tese, o doutor e o livro. Estou satisfeito por ter cumprido meu dever. Em um período de isolamento social, no meu quintal em Ananindeua, numa tarde quente e suada do dia 14 de maio de 2020, escrevo estas linhas.

Prof. Dr. João Santos Nahum (FGC/IFCH/UFPA)

Boa leitura!

Introdução

A primeira ocupação da região norte do Brasil, historicamente, inicia-se com os desbravadores lusitanos para impedir as invasões dos ingleses, franceses e holandeses, que cobiçavam encontrar o "Eldorado[1]" no meio da densa floresta equatorial (CUNHA, 2011, p. 23). Em seguida, ocorreram as explorações dos mais variados recursos naturais e humanos, sobre a conotação de espaço vazio[2] e de depósito de riquezas naturais exclusivas, a serem descobertas, transformadas e redescobertas ao longo dos séculos, tornando-se fortunas de poucos e a pobreza de muitos, como declara Martinello (1988, p. 20).

A extração da natureza de quaisquer produtos que possam ser utilizados para fins comerciais ou industriais, deram abertura e sustentação à vida na Amazônia, e quando essa atividade entrava em expansão, intensificavam-se as ocupações e a valorização da terra, o que acabava, em parte, modificando meio natural, como explica Neto (1979, p. 32).

É diante dessas condições, que continuamente associa-se esse espaço geográfico[3] Amazônico como uma grande fronteira do capital natural, e uma fonte colossal de riquezas de solo, do subsolo, dos rios, da fauna e da flora, explorados na maioria das vezes, para servir a uma classe que cresce e se consolida, como burguesia nacional, como esclarece Lessa (1991, p. 32).

---

1 Uma riqueza sem tamanho oculta entre a densa vegetação da selva amazônica, em ouro que "brotava da terra como as plantas", tão "abundante quanto os peixes nos rios" (BECATTINI, 2018).

2 Espaço vazio, pois a Amazônia, mesmo formado por um conjunto de dados naturais, não era modificado pela ação humana consciente do homem, por meio dos sucessivos "sistemas de engenharia" que representava a sociedade em movimento (SANTOS, 2008).

3 É um conjunto de sistemas de objetos e ações, isto é, os itens e elementos artificiais e as ações humanas que manejam tais instrumentos no sentido de construir e transformar o meio, seja ele natural ou social (SANTOS, 2002).

Assim, vem dos tempos coloniais, os projetos de ocupação e exploração do norte do Brasil, ratificados por meio de tratados, como o de Tordesilhas e o de Madri, que foram dando, pouco a pouco, as condições e garantias de explorações desse território (DANIEL, 1976, p.45).

Dentro desse contexto é que parte dessa imensa Hiléia, serviu para a extração da madeira, extrativismo da castanha do Pará (*Bertholletia excelsa*), da juta (*Corchorus capsularis*), da borracha (*Hevea brasiliensis*), plantio do cacau (*Theobroma cacao*), da pimenta-do-reino (*Piper nigrum*), das plantas medicinais, extração dos minérios, criação do gado e tantas outras *commodities*[4], que muitas das vezes colocavam em cheque as ordens naturais, sociais e econômicas existentes, normalmente para tentar garantir sua própria existência, em consonância com os interesses exógenos ao lugar[5], produzindo impactos na primeira natureza[6] e intensas transformações temporais na paisagem natural (HOMMA, 1992; BECKER, 1997; BECKER, 2009).

Desse jeito, e segundo o ritmo das principais atividades econômicas ou dos ciclos econômicos[7], a região norte do Brasil se especializou em fornecer produtos naturais extraídos de território, com o objetivo de garantir, na maioria das vezes, o seu lugar no cenário nacional e internacional, para permitir a manutenção do

---

4 Commodities são produtos que funcionam como matéria-prima, produzidos em larga escala e podem ser estocados sem perder a qualidade (BALLOU, 2009).

5 Lugar é um conjunto de objetos que têm autonomia de existência e pelas coisas que formam – ruas, edifícios, canalizações, industriais, empresas, restaurantes, calçamentos, mas que têm autonomia de significado, pois todos os dias novas funções substituem as antigas. (SANTOS, 2008).

6 Como primeira natureza, neste contexto, entende-se o espaço físico não alterado pelas mãos humanas (MOREIRA, 1993, p. 32).

7 Noção de que a economia em geral se estrutura com base na produção de um produto fundamental, ou de um conjunto de produtos entre si relacionados, e na relação respectiva com o mercado [internacional] [...] (COSTA, 2012).

padrão do desenvolvimento e crescimento econômico mundial de gerações (MEIRELLES FILHO, 1986; HOMMA, 1992).

Neto (1979, p.15), afirma que conquistas, ocupações, explorações, valorizações e integrações são sucintamente as cinco fases que a Amazônia atravessou, e, cada uma dessas etapas, tiveram motivações e/ou discursos distintos, que vão desde a necessidade de reduzir o vazio demográfico, passando pelo imperativo das fortificações, concepção da fronteira de recursos natural, obrigação de segurança nacional e modernização, todos assentados no prático-discurso do necessário crescimento econômico.

Becker (2009) assegura que essas cinco fases, em especial da Amazônia Legal, têm características próprias, que se diferenciam de outros espaços geográficos, dentro e fora do espaço brasileiro, sobretudo em decorrência de políticas de incentivo pensadas para o aproveitamento da potencialidade florestal, agropecuária e da mineração.

Em consonância com alguns desses argumentos, insere-se a Microrregião de Tomé-Açu (MRGTA), composta pelos municípios do Acará, Moju, Tailândia, Concórdia do Pará e Tomé-Açu, cuja transformação da paisagem cultural[8] é reflexo da relação da sociedade com a natureza, bem como das atenções e estratégias de políticas de exploração/desenvolvimento e "progresso", pensadas para uma região amazônica por meio de desvelo do Estado, os quais impulsionaram diversos eventos (ciclos econômicos) importantes para a construção do mosaico de sua paisagem rural.

As implicações na paisagem da MRGTA, embora não tenha ocorrido de forma igualitária, asseguraram enormes

---

[8] A paisagem cultural exprime concretamente a relação do espaço coma natureza de uma sociedade dá [...], ou produz, ou reproduz em razão ou em função de certa lógica gerada por políticas [...] (BERQUE, 2004, p. 84)

transformações e combinações singulares, a exemplo do agronegócio do dendê[9], pensado para Amazônia desde a década de 1980. O cultivo da *Elaeis guineenses jacq* (dendê), para biocombustível[10], por corporações gigantescas ou firmas transnacionais, promoveram mudanças no cenário além do que a vista pode alcançar, ao longo de décadas, e tais mutações podem ser comtemplados pelas transformações do mosaico da paisagem da MRGTA, de acordo com os planos, programas e políticas para sua expansão.

Nesse sentido, a MRGTA encontra-se bem diferente dos tempos passados, decorrente da lógica do dendê, que se transforma num evento "vivo", que pode ser percebido e investigado qualitativamente e quantitativamente, por meio de milhares de talhões de cultivo dessa oleaginosa. Assim, objetivo é analisar as transformações da paisagem rural da MRGTA, proveniente da evolução da palma de óleo, ao longo de trinta anos, incentivados por ações e políticas de expansão da palma de óleo na Amazônia.

---

9 Termo utilizado para fazer referência ao agribusiness, contexto socioespacial da produção agrícola (cultivo de culturas como o café, algodão, pecuária, etc.), a demanda por adubos e fertilizantes, o desenvolvimento de maquinários agrícolas, a industrialização de produtos do campo (como óleos, cigarros, café solúvel, entre outros) e o desenvolvimento de tecnologias para dinamizar todas essas atividades (CAMPOS, 2011).

10 Biocombustível derivado de biomassa renovável para uso em motores a combustão interna com ignição por compressão ou, conforme regulamento para geração de outro tipo de energia, que possa substituir parcial ou totalmente combustível de origem fóssil (BRASIL, Lei nº 9.478, de 6 de agosto de 1997, Art. 6º).

Metodologia

A estratégia metodológica, abrangeu o entendimento de parte da formação histórica da dendeicultura no Estado do Pará, sendo um pré-requisito, que permitiu definir e entender os tempos históricos, para as análises dos processos de ocupações das terras pelos dendezais. Incorporou-se o tempo no espaço e o espaço no tempo, por vertentes históricas mais evidenciadas nas pesquisas bibliográficas sobre o tema na Amazônia, permitindo entender as ações para expansão dessa cultura de forma regional.

Além da pesquisa histórica, fez-se o emprego de imagens multiespectrais de satélites de monitoramento da Terra, obtidas por Sensoriamento Remoto[11] (SR), que foram submetidas a melhorias visuais, por técnicas de Processamento Digital de Imagem[12] (PDI) e integradas para análise espacial em Sistema de Informação Geográfica (SIG) Q.GIS 3®.

As atividades envolveram o mapeamento e a quantificação do Uso e Cobertura da Terra (UCT), áreas da palma africana (dendê) e computação dos arruamentos (ramais, vicinais, estradas, ruas e rodovias), para um encontro da realidade em movimento, por meio dos padrões de evolução.

Por meio das imagens orbitais, realizou-se o mapeamento das áreas de dendezais de 1988, 1995, 2004, 2010 e 2018, para estabelecer a temporalidade heterogênea da dendeicultura,

---

11 Sensoriamento remoto é uma técnica de obtenção de imagens dos objetos da superfície terrestre sem que haja um contato físico de qualquer espécie entre o sensor e o objeto (FLORENZANO, 2008).

12 Processamento Digital de Imagens, o processo de manipulação computacional de uma imagem, com o objetivo de melhorar o aspecto visual de certas feições estruturais para o analista humano e fornecer outros subsídios para a sua interpretação, inclusive gerando produtos que possam ser posteriormente submetidos a outros processamentos (JENSEN, 2009).

cristalizada no mosaico da paisagem rural, considerando-se as classes definidas e mapeadas pelo "TerraClass" e "MapBioma".

A identificação, delimitação e vetorização dos talhões de dendezeiros ocorreram em dois momentos, primeiro através da análise e interpretação de imagens orbitais pelos elementos de cor, tonalidade, forma, tamanho, textura, sombra e associações. Posteriormente, com base em imagens de Aeronave Remotamente Pilotada (ARP), fez-se o reconhecimento e validação das classes e feições nas imagens Landsat, para a redução de possíveis erros, permitindo um nível de detalhamento espacial dos temas de UCT.

Para garantir a precisão espacial e aumentar a confiabilidade na detecção das alterações da paisagem, obteve-se uma exatidão global de 90,3% e o índice de *Kappa* de 0,85 nas classificações das imagens[13] Landsat de órbitas 223 e 224 e pontos 61 e 62, para os anos analisados, sendo satisfatório pelas amostras utilizadas e aos resultados que se pretendeu alcançar, estabelecendo-se o Datum SIRGAS 2000, coordenadas UTM e zona 22 Sul, para as sobreposições adequadas das bases, e produção de gráficos e mapas temáticos, segundo seus respectivos conteúdos, configuração territorial[14], reorganização espacial, dinâmica social[15] e mudança da paisagem, como sublinham Murgel Branco (1989), Lessa (1991) e Santos (2002, p. 52).

---

[13] Classificações em imagens de satélite é o processo de extração de informações em imagens para reconhecer e categorizar padrões e objetos homogêneos que são utilizados para mapear áreas da superfície terrestre as quais correspondam aos temas de interesse (FLORENZANO, 2008; FITZ, 2010).

[14] É o conjunto total, integral, de todas as coisas que formam a natureza em seu aspecto superficial visível (SANTOS, 2008).

[15] É dada pelo conjunto de variáveis econômicas, culturais, políticas, etc. que cada momento histórico dão uma significação e um valor específico ao meio técnico ao meio técnico criado pelo homem (SANTOS, 2008).

Objetivos da pesquisa

De forma geral, o objetivo é interpretar, avaliar e quantifica as transformações do mosaico da paisagem rural da MRGTA, que deixaram marcas e matrizes no conjunto indissociáveis dos sistemas de ações e sistemas de objetos, de acordo com os planos, programas e políticas para expansão dos dendezeiros nos anos de 1988, 1995, 2004, 2010 e 2018, auxiliados pelos seguintes **objetivos específicos:** compreender a formação da dendeicultura na Amazônia paraense para situar o leitor aos marcos que testemunham e reportam os movimentos históricos da chegada dessa palmácea no norte do Brasil; Utilizar o Sensoriamento Remoto[16] (SR) e as técnicas de geoprocessamento[17] para identificar os talhões da palma africana ou "máscara dos dendezais" (mancha), bem como sua distribuição espacial na região em estudo ao longo de três décadas, e por fim analisar a paisagem dessa microrregião que caminha pari e passu com as políticas públicas de expansão da dendeicultura.

Áreas de estudo

A área geográfica do estudo é composta pelos municípios do Moju, Acará, Tailândia, Tomé-Açu e Concórdia do Pará, que juntos correspondem a Microrregião de Tomé-Açu (MRGTA), pertencente à mesorregião do nordeste paraense, com uma área total de 23.704,079km² (IBGE, 2010), conforme Figura 1.

---

[16] Sensoriamento remoto é uma técnica de obtenção de imagens dos objetos da superfície terrestre sem que haja um contato físico de qualquer espécie entre o sensor e o objeto (FLORENZANO, 2008).

[17] Considerada como uma tecnologia, ou mesmo um conjunto de tecnologias, que possibilita à manipulação, a análise, a simulação de modelagens e a visualização de dados georreferenciados (FITZ, 2010 SILVA; ZAIDAN, 2011).

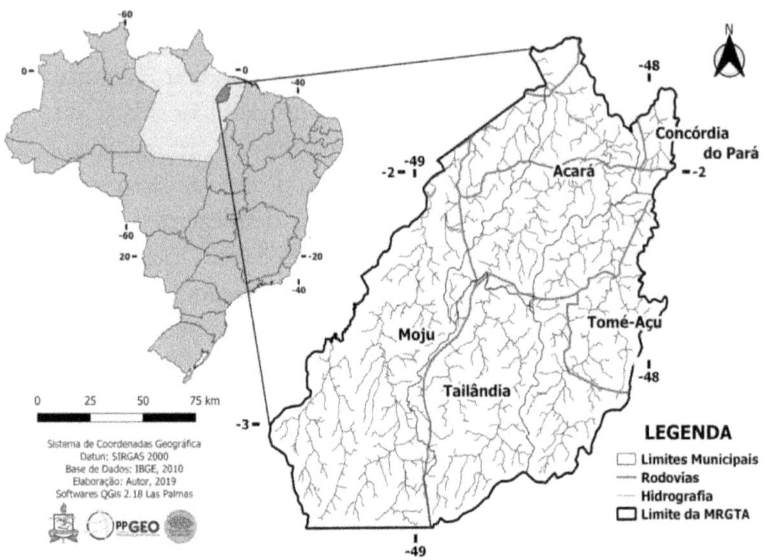

Figura 1 - Microrregião de Tomé-Açu (MRGTA)
Fonte: Autor (2020)

O dendezeiro

O dendezeiro ou *Elaeis guineenses jacq*, é basicamente uma palmeira, cujos frutos pode-se extrair dois tipos de óleo (de palma e de amêndoa) de largo emprego na alimentação e na indústria (PORTELA, 2015). No Brasil, desde 1930 já se defendia a utilização do óleo vegetal cru (puros ou misturados) ou de seus derivados na alimentação e na indústria, o que despertou o interesse do setor privado e empresarial da agroindústria (WILKINSON; HERRERA, 2008).

Na década de 1980, houve o planejamento do aproveitamento de óleos vegetais do dendê e de seus derivados como proposta alternativa para produção do óleo diesel, principalmente durante o período de escassez do petróleo na década de 80 (SUAREZ; MENEGHETTI, 2007). Bentes e

Homma (2016, p.3), sublinham que diversos estudos apontavam o Brasil como possuidor de vantagens comparativas para o cultivo e posterior produção do óleo de dendê, considerando-se os investimentos em tecnologia, inovação e preservação dos limites impostos pelas questões ambientais.

O desenvolvimento do cultivo do dendezeiro sempre foi uma necessidade mundial, com taxa de crescimento anual de 3%, e seu rendimento, quando comparado ao cultivo de outras oleaginosas, chega a ser superior a 3 toneladas de óleo por hectares (DIAS; DE SOUZA, 1973; PANDOLFO, 1981). A Nigéria, o Congo, a Indonésia e a Malásia, são os maiores países exportadores de óleos vegetais crus de dendê (ROCHA, 2011, p.15).

A Europa Ocidental e os Estados Unidos, são os maiores importadores de óleo de dendê, sendo sua cotação no mercado internacional firme e estáveis, em razão da organização da produção mundial e as melhorias na qualidade do óleo de dendê, o que tem provocado a expansão de novas áreas de cultivos em vários países, com tendência à sustentabilidade na produção do óleo vegetal e de seus derivados em escala mundial (DIAS; DE SOUZA, 1973; PANDOLFO, 1981).

No processo de cultivo do dendezeiro, o Pará conta com empresas de grande, médio e pequeno porte, além da inserção dos pequenos e médios agricultores familiares ou não no plantio, cultivo e colheita, o que tem ressignificado essa categoria, tornando-os pequenos empreendedores ou empresa familiar rural. Atualmente, o nordeste paraense é o maior produtor de óleo de dendê do Brasil, produzindo por ano mais de 700 mil toneladas de óleo de palma, o que e corresponde a 90% da produção do País (HOMMA, 2001, p.58).

Na Figura 2, visualiza-se uma extensa área de cultivo de dendezeiros (2°38'28.10"S; 48°48'46.08" O), entre os municípios de Moju e Tailândia, plantados por meio de projetos agroindustriais, com o pretexto da produção do biodiesel.

Segundo Homma e Vieira (2012), a perspectiva de expansão dos dendezeiros na região, até o ano de 2020, é de 329 mil hectares, e isso só na região geográfica intermediária e imediata de Tomé-Açu.

Figura 2 - Dendezeiros ao longo da PA 252 e 475 (Moju - Tailândia)
Fonte: Trabalho de campo (2019)

Portanto, a Amazônia desde a década dos anos 80 passou a ser recomendada como um espaço geográfico para o cultivo do dendezeiro, pelo ponto de vista edafoclimáticas, acesso à mão-de-obra e mercado consumidor, além também da existência de portos e rodovias, dentre outras vantagens importantes para a implantação de qualquer empreendimento econômico, a exemplo, da ferrovia norte-sul projetada para ser a espinha dorsal do sistema ferroviário nacional, possibilitando a conexão entre as malhas ferroviárias, que dão acesso aos principais portos e regiões produtoras do país, como esclarece Nahum (2014, *apud* Cruz, 2006).

A formação da dendeicultura na região norte

A concepção da dendeicultura paraense, corresponde aos processos que têm por fundamento empírico, o cultivo do dendezeiro impulsionado e amparado por políticas de Estado, que criam condições jurídicas e institucionais para o avanço do cultivo do dendezeiro e o desenvolvimento da dendeicultura com a racionalidade empresarial no meio rural da Amazônia.

Entende-se por formação da dendeicultura, o conjunto de vertentes cronológicas que viabilizaram e ainda possibilitam a organização, no tempo e no espaço, da lavra do dendezeiro e, por conseguinte, da dendeicultura enquanto forma do agronegócio das *commodities* no meio rural.

As vertentes visíveis e inteligíveis de eventos inter-relacionados que contribuíram para expansão do dendezais na região norte, foram de certa forma pensados, criados e aparelhados, sempre com o apoio de investimentos públicos e renúncias fiscais. De forma geral, a dendeicultura é parte das ações e processos da organização espacial dos ciclos econômicos na Amazônia paraense.

O enfoque da formação da dendeicultura, longe de contemplar todos os fatos e sem a pretensão de esgotar o tema e muito distante de uma geografia do tempo, possibilita acompanhar a trajetória dos marcos singulares, que sintetizam a chegada, a consolidação e a expansão dessa oleaginosa na Amazônia.

A reconstituição da origem, consolidação e a expansão da dendeicultura na Amazônia paraense, apoiou-se na vasta literatura sobre o tema, ainda que poucos tenham se dedicado a reconstituir o movimento deste processo.

A chegada dos dendezeiros no Norte do Brasil, o surgimento das cooperativas e empresas pioneiras, os programas governamentais que desencadeiam a expansão da dendeicultura no território na Amazônia paraense, permitem traçar uma linha evolutiva e histórica que ajudam a entender sobre a distribuição no norte do Brasil, até seu período atual de crescimento desencadeado por projetos de integração do agricultor rural a produção do cacho de dendê, tendo como discurso o desenvolvimento econômico sustentável, distribuição de trabalho, emprego e renda social.

Os trabalhos de base ou fundamentais para o desenvolvimento desta pesquisa foram, em ordem alfabética, as seguintes: Homma (2016), Homma; Furlan Júnior (2011), Müller; Alves (1997), Nahum (2014), Nahum; Malcher (2012), Nahum (2013), Nahum (2015) e Pandolfo (1998).

Chegada do dendezeiro na Amazônia

Até o início do século XX, o continente africano se destaca nas exportações de óleo de palma no mundo, a exemplo da República de Zaire e Nigéria, que exportavam um pouco mais da metade do volume mundial de óleo e seus derivados (ALMEIDA; GUIMARÃES; RIVERO, 2009, p.73). No Brasil a chegada do dendezeiro ocorreu por volta do século XVI, trazido pelos escravos africanos, fixando-se na costa do Estado da Bahia, de clima quente e úmido, característica importante para seu desenvolvimento (BEMERGGUY; GUEDES; PIMENTEL, 2012, p.110).

Na Amazônia, a chegada dessa oleaginosa (*Elaeis guineenses jacq.*), ocorreu entre 1940 até o início de 1950, e Segundo Homma (2016, p.15), foi "Francisco Coutinho de Oliveira", chefe do Campo Agrícola Lira Castro do Ministério da Agricultura, um dos responsáveis por isso, igualmente o autor relata que foram importadas da Costa do Marfim mais de 115.000 sementes selecionadas para serem cultivadas no norte do Brasil.

> José Maria Pinheiro Condurú, do Instituto de Pesquisa e Experimentação Agropecuária do Norte (IPEAN), representa bem a vertente das publicações técnicas do período. Seu trabalho, intitulado dê a "Cultura dos dendezeiros e possibilidades na Amazônia", recomenda os municípios da região norte para o cultivo da palmácea. O trabalho de Condurú (1957), exemplifica as pesquisas que possibilitaram investimentos nas áreas ecologicamente propícias ao cultivo da palmeira africana e com possibilidade de produção contínua na Amazônia (HOMMA, 2016).

A partir da década de 1940, o cultivo do dendezeiro ocorreu, em parte, durante a ocupação planejada e sistemática da região amazônica como um todo, inicialmente no nordeste paraense ao longo da rodovia Belém-Brasília. Essa concepção ideológica de envio do dendezeiro para região Amazônica, pode ser entendida como uma das etapas da marcha para o oeste, iniciada na década de 1937, e reeditada na década de 1970, como forma de colonização e de ocupação da fronteira agrícola amazônica, incentivado e financiado pela Superintendência de Valorização Econômica da Amazônia (SPVEA), Superintendência de Desenvolvimento da Amazônia (SUDAM). Neste período, o Estado transformou a antiga SPVEA em SUDAM, que criou o Banco da Amazônia (BASA), tendo com um dos seus objetivos, estimular o crescimento econômico, como destacam Almeida; Guimarães; Rivero (2009).

Na Figura 3, visualiza-se Palmeiras de *Elaeis oleifera* (caiaué) plantada no Museu Paraense Emílio Goeldi, proveniente das primeiras experiências de cruzamentos de pólen de *Elaeis guineensis*, por "George O'Neill Addison", pesquisador do Instituto Agronômico do Norte (IAN), no período de 1944 a janeiro de 1955 (HOMMA, 2016, p.5). Ainda na Figura 3, nas duas imagens menores, observa-se o cultivo de dendezeiro ao longo do km 18 da estrada de ferro Belém-Bragança, no campo agrícola Lira Castro, plantados em 8 de abril de 1940 (HOMMA, 2016, p.14).

Os cultivos experimentais de 1940, foram lançados pelos projetos-piloto da antiga Superintendência do Plano de Valorização Econômica da Amazônia (SPVEA) (HOMMA, 2016, p.17).

Figura 3 - Dendezeiros caiaué do Museu Paraense Emílio Goeldi e do Campo Agrícola Lira Castro
Fonte: HOMMA (2016 *apud* Addison e Pires 1957); Pires (1953)

Entre 1963 a 1967, o Governo Federal elegeu áreas para exploração de forma ordenada e sistemática, sobretudo a partir da "Operação Amazônia", elegendo esse espaço geográfico como fronteira de recursos naturais, aumentando à exploração da madeira e o desenvolvimento da pecuária, o que cada vez mais atraiu o capital nacional e internacional para adquirir terras, aprofundando ao longo de décadas a desigualdade na estrutura agrária regional e fomentando tensões, conflitos, violência e assassinatos no campo (MÜLLER; ALVES, 1997, p.16).

Neste período, têm-se as primeiras iniciativas de cultivo dos dendezeiros, conduzidos pelo Instituto Agronômico do Norte

(IAN), alinhado a meta da substituição de importações declaradas em uma série de planos federais, para superar as dificuldades econômicas advinda da crise mundial.

As políticas e recursos destinados à região norte do Brasil, mesmo aqueles sustentados no binômio segurança e desenvolvimento na década de 1964, começaram a promover grandes eventos, como o aumento das rodovias que ajudaram, ainda mais, na intensificação e ocupação da região amazônica.

Os grandes projetos como a Operação Amazônia, Plano de Integração Nacional (PIN I e II), Polamazônia e a construção da Transamazônica (BR-230), entre 1968 a 1973 (período chamado de "milagre brasileiro"), representam iniciativas do planejamento econômicos no norte do Brasil, o que vai modificar a estrutura produtiva e facilitar cada vez mais a entrada do capital oligopolista na Amazônia (PASSO, 1998, p.17).

Na década de 1970, têm-se registros da distribuição de sementes híbridas (65 mil mudas e 160 mil sementes de dendê) e na década de 1980 o lançamento do programa para implantação de 50 mil hectares de dendezais, o que possibilitou que o dendezeiro começasse a nascer, crescer e consolidar-se por meio de parte dos incentivos e ações estatal, balizado pelo planejamento do desenvolvimento da Amazônia.

O planejamento e o lançamento de projetos de cultivo dos dendezeiros, desde a década de 1960, permitiram a criação de cooperativas ao nível experimental, multiplicando-se o número de sementes e mudas de *Elaeis guineenses jacq,* que inicialmente crescer a leste e posteriormente a sudeste da capital de Belém (1970), em razão do Amarelecimento Fatal (AF), que destruiu dezenas de talhões a primeira zona de produção, ao longo das estradas de Mosqueiro e Santa Izabel, mudando-se pela primeira vez, o eixo de cultivo dos dendezeiros (1980).

O surgimento da anomalia do AF nos dendezeiros (Figura 4), é considerado um ponto importante na história desta cultivar, pois provocou retrações, crises, perdas e/ou abandonos de culturas inteiras na Amazônia paraense, mas posteriormente desencadeou uma extraordinária fase de pesquisas, visando obter conhecimentos sobre as causas do AF e o melhoramento da palmeira por meio do cruzamento genético da *E. oleífera*, com a *E. guineensis*, originando um híbrido interespecífico (HOMMA, 2001, p.43; VILLELA, 2014, p.197; HOMMA; FURLAN JÚNIOR, 2011, p.194; HOMMA, 2016, p.16).

Figura 4 - Dendezeiros africanos dizimados pelo Amarelecimento Fatal (AF)
Fonte: Homma (2016)

O AF provocou grandes perdas de dendezeiros no Pará S.A, a exemplo das áreas de plantio da DENPASA, na década de 1980, gerando uma crise nas empresas do setor, como relatam Da Silva; Homma; Pena, (2011, p.14) e Almeida; Guimarães; Rivero (2009, p.82). Mesmo com a instabilidade e a recessão econômica, decorrente do AF, a SUDAM financiou pesquisas e infraestruturas, a exemplo, das implantações de fábricas e usinas de beneficiamento do dendê em 1976 (HOMMA, 2016, p.25; OLIVEIRA NETO, 2017, p.104).

Depois da entrada do dendezeiro na Amazônia (1940), inicia-se na década de 1950, o fortalecimento do conjunto de publicações técnicas, que fomentaram a expansão do plantio na região norte, com a identificação de áreas propícias aos dendezais. A partir das espécies híbridas, o Pará experimentou o crescimento do cultivo do híbrido interespecífico, em especial no nordeste paraense, fazendo com que, o setor conhecesse um sensível aumento no número de talhões de dendezeiros, com melhorias nas receitas de exportações, fiscais e níveis de empregos, resultando depois nos programas de exportação de óleo cru.

Pode-se afirmar que o cultivo dessa oleaginosa no norte do Brasil, envolveu toda uma filosofia econômica, ecológica e social, fato este muito presente nas publicações técnicas de época, quando recomendavam essa opção agrícola como uma das mais rentáveis para a Amazônia, tendo em vista suas condições ambientais amplamente favoráveis (FURLAN JÚNIOR *et al.*, 2006, p.12).

Foi essa filosofia econômico-ecológica, que motivou as pesquisas e a transferência de tecnologias e investimentos para a produção de óleo, primeiramente para fins energéticos, mas posteriormente, a produção de óleo de dendê, passou para o mercado de alimentos, cosméticos e de higiene (NAHUM; DOS SANTOS, 2018. p.115).

O Estado historicamente sempre desrespeitou as populações amazônicas, principalmente no processo de contínua integração, onde há a marginalização dos pequenos proprietários, sobretudo dos trabalhadores rurais (PASSOS, 1998, p.16). Os investimentos na expansão do dendezais para exportação intensificou a concentração de terra, beneficiando uma minoria privilegiada, que vai gerar mobilizações e conflitos na região, no início da década do ano de 1990.

Assim, têm-se os primeiros registros de mobilizações decorrentes das relações conflituosas e de poderes assimétricos, causada pela disparidade de interesses entre os atores sociais do território do dendê (SANTOS, 2018). Em parte, essa disparidade de interesses foi ajustada pelos programas de integração dos agricultores na cadeia produtiva do cacho de dendê.

Os pontos históricos da dendeicultura na Amazônia, os quais foram frutos do planejamento econômico iniciado antes mesmo da década de 1940, por intermédio da promoção e estímulo do Estado, possibilitaram a criação dos polos de cultivo nas ditas "fronteiras", alicerçados em fundo de investimentos, isenções fiscais para a colonização agrícola na Amazônia setentrional.

Dentro desse contexto, o cenário dendeicultor de hoje é resultado dos processos de especulações e implantações de amplos e audaciosos programas de pesquisas, para a produção do óleo de dendê em escala agroindustrial, em especial no nordeste paraense, principalmente por meio de matrizes de incentivos fiscais e de créditos.

Na Figura 5, ilustram-se algumas vertentes visíveis e inteligíveis de eventos inter-relacionados, que contribuíram para expansão dos dendezais na Amazônia, em especial no nordeste paraense, permitindo entender as ações para expansão dessa cultura de forma regional e por conseguinte da transformação da paisagem rural.

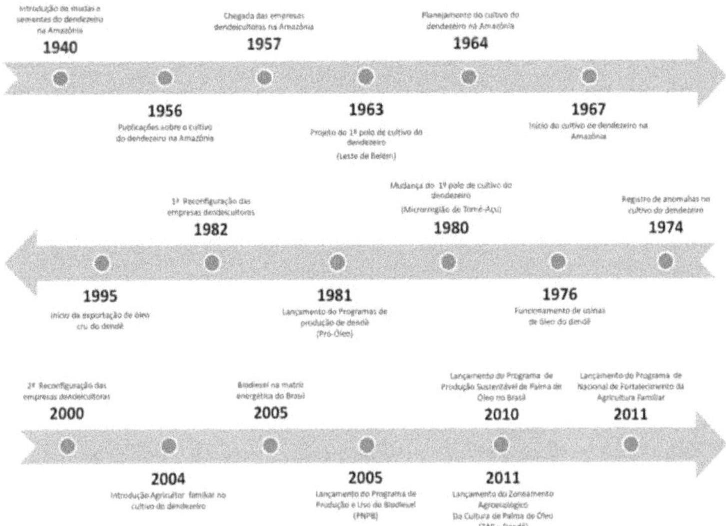

Figura 5 - Marcos histórico do dendê na Amazônia
Fonte: Autor (2018)

Mesmo com diversas iniciativas governamentais, o agronegócio do dendê sofreu e padece ainda da influência de um conjunto de questões correlatas, como crise econômica (recessão, desemprego, inflação, dívida externa, dívida interna, etc.) que provoca uma série de falência, cisões e reorganizações das empresas dendeicultoras na Amazônia.

Empresas dendeicultoras na Amazônia

Na Amazônia entre 1956 a 1981, surgem cooperativas e empresas pioneiras no cultivo da palmeira de origem africana, motivadas e incentivadas por condições edafoclimáticas como: área de Latossolos amarelo, clima quente-úmido, bem como a existência de inúmeros rios e igarapés que asseguram o suprimento de água para as áreas de cultivos dos dendezeiros, além das infraestruturas da região, após as construções de ramais, vicinais, estradas, ruas e rodovias, como a Belém – Brasília (BR-230) para o acesso fácil, para a comunicação, escoamento econômico, dentre outras providências (DIAS; DE SOUZA, 1973, p.10).

Para implantação dos primeiros projetos-pilotos do dendezeiro, o Governo delimitou o inicialmente polos de cultivos, e ainda favoreceu a cultura com o auxílio para os pequenos e médios agricultores, os quais receberam insumos, assistência técnica e crédito bancário para constituírem os primeiros talhões de *Elaeis guineenses jacq* (DIAS; DE SOUZA, 1973, p.7).

Na época, houve um longo processo de licitação para o financiamento de empresas para o plantio do dendezeiro e a produção do óleo cru para o mercado mundial. A empresa denominada de Indústria e Comércio de Fibras LTDA (FIBROCO), com larga experiência no cultivo e na exportação agroindustrial, foi a primeira grande empresa a chegar ao nordeste paraense. Mesmo não sendo uma empresa dendeicultora a FIBRICO foi resultado das campanhas do governo que incentivava a chegada do agronegócio no norte do Brasil, em especial na região geográfica intermediária e imediata de Tomé-Açu.

Contudo, as primeiras áreas de cultivos do dendezeiro na região Norte, datam de 1967, nos municípios de Mosqueiro, Santa Isabel, Santo Antônio do Tauá e Castanhal, por meios de convênios pilotos com *Institut de Recherches Pour Les Huils e Oleaginex* (IRHO), sediado em Paris, entidade de renome internacional em óleo de dendê (FURLAN JÚNIOR, *et al.*, 2006, p.2; DOS SANTOS, 2016, p.23).

Foi a IRHO que promoveu a chegada da mais antiga empresa de dendê do Pará, denominada de Dendê do Pará Ltda. (DENPAL), que em 1974 mudou sua razão social, passando a ser chamada de DENPASA, uma das precursoras na atividade industrial do dendê no Pará em 1975, e claro, criada com incentivos fiscais da SUDAM (ALMEIDA; GUIMARÃES; RIVERO, 2009, p.81).

As plantações pioneiras de dendezeiros cresceram também pela Cooperativa Agrícola Mista Paraense (COOPARAENSE), que posteriormente avançou para o cultivo em escala comercial no mesmo período (ENRÍQUEZ; SILVA; CABRAL, 2003, p.96; HOMMA, 2016, p. 22).

Após duas décadas de implantação de projetos pilotos, ocorreram cisões, reorganizações e falências de empresas dendeicultoras na Amazônia paraense, cujas causas foram desencadeadas inicialmente pela crise mundial de 1980, e em razão dos primeiros casos de Amarelecimento Fatal (AF) nos plantios da DENPASA (HOMMA, 2016, p.13).

Com a crise econômica e a recessão nos investimentos na Amazônia entre 1980 a 1989, temos o registro das primeiras cisões de empresas dendeicultoras, a exemplo da Cooperativa Agrícola Mista Paraense (COODENPA), que passou a ser Dendê do Tauá Ltda. (DENTAUÁ). Ainda em 1989, a Cooperativa Agrícola Mista de Santa Izabel do Pará (COOMASI) passou a ser denominar de Companhia de Dendê Norte Paraense (CODENPA).

O processo continuou de 1989 a 2000, onde as agroindústrias, Companhia Refinadora da Amazônia (CRAI), Agropalma, Agropar, Amapalma, Companhia Palmares da Amazônia (CPA) e a Cia Refinadora da Amazônia, passaram a compor o Grupo Agropalma, constituindo, assim, o maior e mais moderno complexo agroindustrial de plantio, produção e processamento de *Elaeis guineenses jacq* do País (ALMEIDA; GUIMARÃES; RIVERO, 2009, p. 84).

Ainda quanto a história das empresas dendeicultoras, houve empreendimentos de curta existência, tais como a Dendê Moema e Refinaria de Óleos Vegetais do Norte Ltda. (REFINORTE), com apenas 8 e 2 anos de existência respectivamente. Outros projetos tiveram um período de curta existência em razão do amarelecimento fatal, como o plano Dendê da Amazônia S.A. (DENAM), em São Domingos do Capim, o qual foi completamente abandonado (HOMMA, 2016, p 40; OLIVEIRA NETO, 2017, p. 309).

Com a disponibilidade de extensas terras agricultáveis com qualidades ambientais favoráveis, condições de escoamento, relativa proximidade dos mercados consumidores, bem como apoio de investimentos de programas de incentivo ao cultivo dos dendezeiros, aconteceram também uniões entre as empresas dendeicultoras, e é a partir dessas vertentes, que acenderam sustentavelmente, entre aspas, as áreas de dendezais e o número de empresas no nordeste paraense, como, por exemplo, a inauguração, no ano de 2002, da primeira fábrica de margarina, a partir do óleo de dendê, com capacidade de 4 mil toneladas/ mês, localizada em Belém, pertencente a Agropalma (Figura 6).

Os produtos do óleo do dendê são voltados para diversas aplicações nas indústrias alimentícias ou *food service* (HOMMA, 2016, p. 33). A expansão do *food Service* no Brasil é verificada pela taxa média de crescimento de 2% ao ano do setor, conquistados na última década e também, pelos mais de 1,4 milhões de estabelecimentos em operações, que são consumidores do óleo de palma (BRASIL, 2018), a exemplo novamente da Agropalma, que abastece esse mercado com óleo de palma para a produção de gordura para massa, sorvetes, chocolates, biscoitos, sabonete, detergentes, frituras, dentre outros.

PARÁ SAI NA FRENTE.

AGROPALMA INAUGURA HOJE, EM BELÉM, A 1ª INDÚSTRIA DE MARGARINA DO NORTE.

Óleo de palma:

Figura 6 - Notícia sobre a inauguração da fábrica de margarina da Agropalma (2002)
Fonte: Recorte do Jornal O Liberal (2002), Acervo da biblioteca Arthur Viana

Entre os anos de 2004 a 2014, chegam na MRGTA novas empresas dendeicultoras incentivadas pela introdução do biodiesel na matriz energética brasileira, a partir de diferentes fontes oleaginosas de regiões diversas do Brasil. Neste cenário, a Belém Bioenergia do Brasil S.A. (BBB) é criada, a partir de um acordo entre a Petrobrás e a empresa portuguesa Galp Energia, com os primeiros plantios de dendezeiros iniciados em 2011.

Também neste intervalo de tempo, acionistas majoritários do Grupo Vale, criam a Biopalma da Amazônia S.A, fortalecendo a presença dos grandes grupos dendeicultores e aumentando o número de áreas de plantios, aonde testemunhamos a Agropalma iniciando a atividade, na cidade de Belém, com a fundação da planta piloto de esterificação de ácidos graxos - resíduos do processo de refino, produzindo também biodiesel até o ano de 2010 (HOMMA, 2016 p.34) (Figura 7).

Figura 7 - Inauguração da planta piloto (usina) de Ácido graxos da Agropalma (2005).
Fonte: Recorte do Jornal O Liberal (2005), Acervo da biblioteca Arthur Viana

A Petrobrás Biocombustíveis e *Archer Daniels Midland* (ADM), também chegam à região, e iniciam seus projetos de plantio de dendezeiros, envolvendo pequenos produtores rurais, o que segundo, o ex-governador Simão Jatene, representava um exemplo de reforma agrária, que deve ser multiplicado pelo campo brasileiro (O LIBERAL, 2005, Caderno A6/ A7) (Figura 8).

Pode-se afirmar, que enquanto modelo de política pública sustentável, colocado em prática na Amazônia, o projeto do fortalecimento do cultivo e produção do dendê para produção do biodiesel, sempre foi uma tentativa de equilibrar o desenvolvimento econômico e proteção ambiental, sendo o poder público, um importante ator neste processo, conforme Figura 8.

De tal modo, o cultivo dos dendezeiros para o biodiesel atraiu novos grupos empresariais, que até meados de 2012 totalizavam mais de 20 entidades ligadas diretamente ao plantio dos dendezais, expandindo exponencialmente a fabricação de óleo de dendê a partir de 2003, pois o crescimento esteve sempre condicionado às políticas estatais para o setor, como, por exemplo, o Zoneamento Agroecológico do Dendê para as Áreas Desmatadas da Amazônia Legal (ZAE-Dendê), que será o discurso do Estado para liberação de mais incentivo com o foco no desenvolvimento sustentável brasileiro.

Na Figura 8, ilustra-se como a expansão dos dendezais esteve sempre associada à ação estatal, sendo considerado como um evento que reorganiza a configuração espacial e a dinâmica social dos lugares onde foram implantados, como esclarece Nahum e Dos Santos (2013).

Biodiesel fortalece independência do País

Fonte renovável é a meta do governo

Famílias querem ampliação

Figura 8 – Lançamento do programa de plantio de dendezeiros em Tomé-Açu para biodiesel
Fonte: Recorte do Jornal O Liberal (2005), Acervo da biblioteca Arthur Viana

Da década de 1960 até os dias atuais, aconteceram mudanças estruturais nas empresas criadas a partir de planos, políticas e ações estatais de época, com a intenção, dentre outras, de responder às demandas de produção do óleo de dendê para ampliar a matriz energética do Brasil, sobre o discurso do desenvolvimento regional.

A Figura 9, sintetiza os fatos e as vertentes históricas da formação da dendeicultura na MRGTA a saber: chegada do dendezeiro, surgimentos das cooperativas e empresas pioneiras no cultivo do dendezeiro e programas governamentais.

O gráfico cronológico possibilita um olhar evolutivo e temporal da expansão dessa oleaginosa, bem como, da consolidação, processo de cisões, reorganizações e falências de projetos-pilotos de cultivo do dendezeiro, evidenciando a relação histórica do Estado incentivador, declarado em uma série de planos e políticas para sua expansão

.

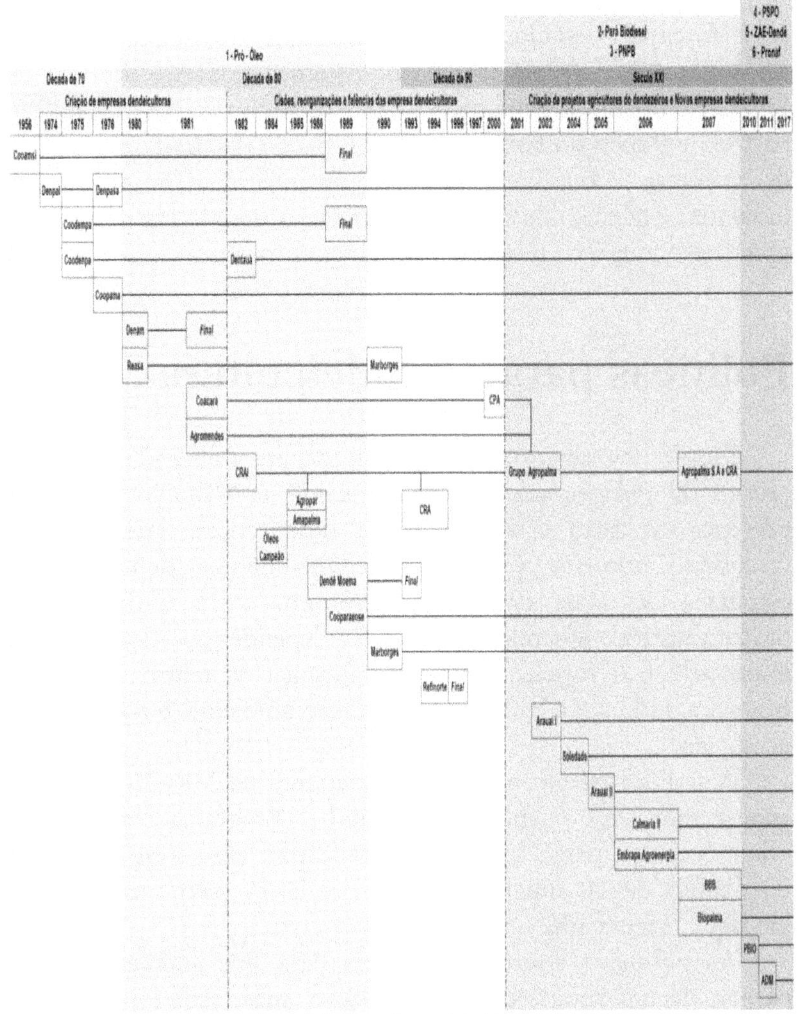

Figura 9 - Cronologia dos empreendimentos da dendeicultura na Amazônia
Fonte: Autor (2019)

Por meio da história das empresas dendeicultoras, evidencia-se a força do Estado, para oferecer incentivos, por meio do Ministério do Desenvolvimento Agrário (MDA), através da SPVEA e posteriormente pela SUDAM, Banco da Amazônia S.A. (BASA) e Banco do Estado do Pará e Banco do Brasil, em regiões de interesse econômico, para a implantação e ampliação de indústrias e geração de emprego e renda, sobretudo em municípios com baixo índice de progresso social.

Políticas para a dendeicultura

Desde os primeiros projetos-pilotos, até a chegada de novos grupos do agronegócio de óleo de dendê na MRGTA, nota-se a presença da ação estatal, que vai desencadear uma série de discursos, primeiro para o desenvolvimento, depois como estratégia de saída de crise econômica, até a produção do biocombustível visando reduzir a dependência do petróleo importado e o fortalecimento da mudança na matriz energética brasileira, indo até a tática de preservação ambiental e zoneamento ecológico.

A política de incentivo a dendeicultura na MRGTA tem sua gênese em 1980, quando foi lançado o Programa Nacional de Óleos Vegetais para Fins Energéticos (Pró-Óleo), com a previsão de plantio de 50 mil hectares de dendezais para produção do biodiesel (Figura 10).

As pesquisas sobre o Pro-Óleo para fins energéticos, não passou de um processo de especulação, mas, este foi suficiente para introduzir no norte do Brasil as empresas dendeicultoras pioneiras como: COOAMSI (1956), DENPAL (1974), COODEMPA e COODENPA (1975), DENPASA e COOPAMA

(1976), a DENAM e REASA (1980), COACARÁ e AGROMENDES (1981) (HOMMA, 2016, p.24).

O programa Pró-Óleo de 1980, (Figura 10) iniciou o processo de ordenação e ocupação de terras pelos dendezeiros, nos municípios do nordeste paraense, como Mosqueiro e Santa Izabel. A iniciativa do diesel do dendê da década de 1980, tinha o compromisso de iniciar a mudança na matriz energética do Brasil, e essa proposta Federal vai pendurar até meados de 2001, onde são apresentados novos programas de expansão dos dendezais, mas agora para redução do desmatamento e regulamentação fundiária (NAHUM; DOS SANTOS, 2018).

50 mil hectares de dendê para servir de combustível

O LIBERAL

Joelmir Beting

Diesel de dendê

Figura 10 - Notícia sobre o programa de produção de óleo vegetal na Amazônia
Fonte: Imagem do Jornal O Liberal (1980), Acervo da biblioteca Arthur Viana

As políticas de crédito do Banco da Amazônia (BASA), por meio do Fundo Constitucional de Financiamento do Norte-Rural (FNO - Rural), investiu no Pará, entre 1991 a 2001, mais de 10.500 milhões para o cultivo do dendezeiro (ENRÍQUEZ; SILVA; CABRAL, 2003, p.20).

Neste período, decretos presidenciais motivaram a realizações de estudos sobre a viabilidade econômica, social e ambiental da produção e uso do biodiesel no Brasil, lançado em 2005 o Programa de Produção e Uso do Biodiesel (PNPB), o que provocou a expansão do dendezais na Amazônia.

A cadeia produtiva do biocombustível também foi incentivada pelo Zoneamento Agroecológico da Cultura de Palma de Óleo (ZAE-Dendê), realizado pela Empresa Brasileira de Pesquisa Agropecuária (EMBRAPA), que apesar de não ser um programa exclusivo para dendeicultura, foi um instrumento de orientação, e ainda é referência para a expansão do cultivo do dendezeiro, enquanto delimita as terras propícias para produção e manejo da cultura da palma de óleo na Amazônia.

O ZAE-Dendê foi uma pesquisa pública visionária para o planejamento e gestão do cultivo da palma de óleo, definindo espacialmente as regiões prioritárias e promissoras para produção do óleo de dendê para o setor energético, em especial para o biocombustível, além de estabelecer diretrizes de planejamento de arranjos produtivos, capazes de recompor as paisagens em vias de degradação promovida pela pecuária extensiva no nordeste paraense, inclusive ampliando a conectividade entre as áreas com floresta (NAHUM, 2015, p.18 e 19, grifo *nosso*).

Ainda relacionado ao cultivo dos dendezeiros e políticas para dendeicultura, tem-se a linha de crédito do Programa Nacional de Fortalecimento da Agricultura Familiar (PRONAF), lançado pelo Governo Federal, visando financiar a integração dos agricultores à cadeia produtiva do cacho de dendê (Figura 11).

O PRONAF propagou o discurso da responsabilidade socioambiental, geração de emprego, renda e inclusão social, transformando o tradicional camponês em agricultor familiar associado à dendeicultura.

A ampliação dos dendezais através dos projetos de agricultura familiar, dá início às experiências pioneiras de integração do agronegócio com os pequenos produtores de comunidades. O PRONAF abriu um leque de benefícios de natureza social, econômica, ambiental e de estratégia geopolítica, os quais fortaleceram ainda mais as medidas e providências para introduzir o biodiesel na matriz energética brasileira (HOMMA, 2016, p.40).

De acordo com Nahum e Dos Santos (2014, p.476), o PRONAF abrangeria 15 municípios, totalizando a inclusão de mais de 706 trabalhadores rurais contratados, sendo o Moju e Tomé-Açu, os municípios com maior número de agricultores familiares que obtiveram linhas de financiamento para o cultivo dos dendezeiros.

A agricultura familiar do PRONAF, provocou a produção de mais de 160 mil toneladas de óleo/ano, envolvendo mais de 300 famílias no âmbito dos municípios polos do Programa de Biodiesel. Cerca de 20% dos cachos de dendê, foram cultivados em propriedades familiares com condições favoráveis de solo e com infraestrutura mínima para implantação de um dendezal, com cerca de 10, 25 e 50 hectares (Figura 11) (O LIBERAL, 2005).

Na Figura 11, apresenta-se a matéria do lançamento do Programa Nacional de Fortalecimento da Agricultura Familiar (PRONAF), para a produção crescente de combustíveis de fontes renováveis e o atendimento de requisitos socioeconômico e ambiental, pelo menos no discurso.

Famílias querem ampliação

Mais área para plantar palma

Figura 11 - Programa de ampliação dos dendezais através do projeto de agricultura familiar
Fonte: Recorte do Jornal O Liberal (2005), Acervo da biblioteca Arthur Viana

Baseado no tripé, investimento público ou privado, técnicas e políticas públicas, tem-se a expansão dos dendezais na Amazônia, o que possibilitou a chegada de novas empresas na região como: a Biopalma da Amazônia S.A., a Belém Bioenergia Brasil (BBB), a *Archer Daniels Midland* (ADM) do Brasil, dentre outras. As empresas surgiram com o programa de cultivo de cachos de de

dê com o objetivo de redução do uso de combustíveis fósseis e aumentar a segurança energética, agora engajando agricultor familiar e pequenos produtores rurais da Amazônia, a exemplo, do programa de Produção Sustentável da Palma de Óleo no Brasil (PSPO), lançado pelo ex-presidente Lula, no município de Tomé-Açu, Pará (Figura 12), como propósito de criar mais de 194 mil hectares de talhões de dendezeiros, saindo de um patamar de 60 mil hectares por ocasião do lançamento (COSTA *et al.*, 2017).

> O Programa de Produção de Óleo Sustentável (PSPO) em Tomé-Açu, foi direcionado à agricultura familiar e disponibilizou crédito para o pequeno produtor e a pesquisa na área de dendeicultura. O investimento foi de R$ 38 milhões, que ficou sob a coordenação da Casa Civil da Presidência da República e dos Ministérios da Agricultura, Pecuária e Abastecimento, do Desenvolvimento Agrário, de Minas e Energia e do Meio Ambiente, além de contar com investimento de parcerias público-privadas. A EMBRAPA deu o suporte, assistência técnica e pesquisa ao programa, para determinar novas áreas de cultivos (O LIBERAL, 2010).

Lula lança hoje em Tomé-Açú programa direcionado à agricultura familiar

Figura 12 - O Programa de Produção de Óleo Sustentável no Brasil em Tomé-Açu
Fonte: Recorte do Jornal O Libera (2010), Acervo da biblioteca Arthur Viana

Na Amazônia, a integração dos agricultores familiares no cultivo do dendezeiro aparece como alternativa para o desenvolvimento econômico, social e ambientalmente sustentável, proporcionando que empresas dendeicultora obtivessem o selo de Combustível Social.

A marcha da incorporação dos camponeses aos programas de produção da palma começou por meio do Programa de Produção Sustentável de Palma de Óleo no Brasil (PNPB), com o primeiro cultivo firmado em 2002, sendo a produção vendida diretamente para as unidades beneficiadoras instaladas nestas regiões desde 1976.

Entre os anos de 2002 a 2006, têm-se as experiências de integração do camponês no cultivo do dendezeiro. A empresa Agropalma, por exemplo, coordenou o estabelecimento de projetos de integração do agricultor do dendezeiro, fornecendo assistências técnicas de gerenciamento desde a fase de seleção das sementes, até as plantações dos dendezais, onde se discutiam as dificuldades e as melhorias para produção (HOMMA, 2016, p.37). Nesse período, a comunidade do Arauaí, e a comunidade Soledade, foram inseridas nos Projetos I e II de integração do agricultor familiar ao cultivo dos dendezeiros.

Em 2005, a comunidade do Arauaí foi novamente selecionada para o Projeto III de cultivo do cacho de dendê, e um ano mais tarde, a comunidade de Calmaria iniciou as atividades do Projeto IV, em parceria com a Agropalma (ABRAMOVAY, 1998; SCHMITT, 2005; GUANZIROLI, 2007; HOMMA, *et al.*, 2014). A associação comunitária de cultivo do dendezeiro tem provocado a melhoria na renda das famílias que era de R$ 74 ao mês com venda de farinha, frutas e carvão (ALMEIDA; GUIMARÃES; RIVERO, 2009, p.85).

No contexto tecnológico e estratégico, as instituições de estudo e pesquisas como a EMBRAPA, desde 1980, participa dos esforços do Brasil para obtenção de fontes renováveis de agroenergia (biogás e biocombustível), por meio de programas como, Programa Nacional de Pesquisa de Energia (PNPE).

Hoje na MRGTA cresce as parcerias entre instituições, organizações privadas e grupos sociais para produção do biocombustível, contanto que o cultivo do dendezeiro ocorra em áreas desmatadas e/ou degradadas, a fim de reduzir as pressões sobre as áreas de florestas nativas (FURLAN JÚNIOR, *et al.*, 2006; RAMALHO FILHO, 2010, p.183).

No entanto, o Estado tem dificuldade de disponibilizar mais recursos técnicos necessários para monitorar o avanço do cultivo dos dendezeiros sobre áreas não antropizadas, conforme a legislação ambiental vigente.

Há muitas críticas com relação à integração do pequeno agricultor ao agronegócio do dendê, principalmente quanto à exploração da mão de obra sem autonomia e sem vínculos legais, trabalho penoso e desgastante, impactos ambientais e sociais, além de ameaçar às áreas quilombolas e à biodiversidade local, produzindo também.

Contudo, a inserção do agricultor familiar na cadeia produtiva do cacho de dendê não está isenta das tensões associadas à subordinação do território ao capital, apesar das garantias de retorno dos investimentos realizados por estes, o que é muito importante, pois na sua maioria são contraídos para serem pagos a longo prazo.

As políticas públicas possibilitaram os caminhos e os descaminhos da formação da dendeicultura na Amazônia e por conseguinte nas transformações da paisagem na microrregião de Tomé-Açu, como uma metamorfose que pode ser testemunhado pelos dendezeiros e configuração espacial dos arruamentos.

Dendeicultura e transformação da paisagem

O Estado e suas políticas públicas, associados a interesses diversos e externos, desenvolveram várias fases da reprodução do capital, configuração territorial, reorganização espaciais e dinâmicas sociais ao longo da história da Amazônia, sobretudo pela busca do crescimento econômico, por meio do aproveitamento da potencialidade florestal, da pecuária, da agricultura, da mineração, e hoje, em algumas regiões pelo agronegócio da palma de óleo.

Em vista disso, a Microrregião de Tomé-Açu (MRGTA), assim como outros lugares da Amazônia paraense, receberam desvelo do Estado, os quais impulsionaram diversos ciclos econômicos importantes para a construção das formas, estruturas e funcionalidades do mosaico da paisagem, a exemplo da MRGTA.

Por décadas os municípios do Acará, Moju, Tailândia, Concórdia do Pará e Tomé-Açu são reflexo da relação do Estado com a natureza, por meio de atenções e estratégias de políticas para o "desenvolvimento" e "progresso" pensadas ao longo de trinta anos, tendo como resultado a mudança da paisagem.

Com a análise, entende-se que as mudanças na Paisagem da MRGTA são oriundas das ocupações recentes da Amazônia, sobretudo, pela busca do crescimento econômico via submissão da natureza aos caprichos do grande capital por meio de "Grandes Projetos", como da exploração madeireira, pecuária, mineração, construção de hidroelétrica, dentre outras iniciativas.

A dendeicultura na Amazônia aparece inicialmente como mais uma alternativa do seguimento econômico, e posteriormente como um importante projeto de adequação ambiental de "desmatamento zero" pela adição "sustentável" de uma nova paisagem politicamente correta e socialmente aceita, em razão da inclusão do agricultor na cadeia de produção do cacho de dendê.

No caso do meio rural do nordeste paraense, a dendeicultura torna-se um discurso de progresso associado à evolução estrutural, econômica e social do espaço, refletindo em uma dinâmica de plantio de milhares de km^2 de dendezais, caracterizando a paisagem rural-local dessa microrregião, associada a elementos advindos de uma lógica global do agronegócio.

O modelo de produção imposto pela economia capitalista desencadeou na Amazônia estratégias regionais iniciadas a partir dos grandes circuitos econômicos, como o ciclo da droga do sertão, ciclo da borracha, ciclo da exploração da vegetação, ciclo da fronteira agropecuária e agora o "ciclo do agronegócio do dendê", que podem nortear algumas das etapas históricas da transformação da paisagem no norte do Brasil, impulsionadas e declaradas pelo Governo Federal por meio de políticas públicas diretas, outras como fruto da ocupação local e por fim, aquelas otimizadas pelo discurso da superação de crises socioambientais.

O certo é que, todas deixaram marcas e matrizes na complexa paisagem natural, que nos dar uma concepção de cenário, como "roupa" que "veste" o espaço, e que nos remete a um lugar associado a outros lugares, originando regiões que interagem com outros territórios, que por sua vez dialogam com as lógicas econômicas globais, tendo como resultados profundas metamorfoses, não raro brutais, sobre o conjunto das formas naturais e artificiais, denominada de paisagem, como afirma Santos (2008).

A partir de então, surge à hipótese de que ao longo de três décadas a MRGTA tem passado por constante evolução e dissolução de marcas e matrizes, que podem ser testemunhadas pela forma do uso e cobertura da terra, expansão das estradas, vicinais, ruas e ramais, que possibilitam interpretações particulares dos vários tempos, escritos uns sobre os outros e com idades e heranças de diferentes momentos de sua história, as quais nos remete há tempos diversos, como explica Cardoso (1977).

Transformação da paisagem da MRGTA

Na Microrregião de Tomé-Açu (MRGTA), observa-se que é entre 1940 a 1980 que ocorrem às primeiras intervenções no ambiente natural, inicialmente ligado à relação das atividades de pesca, caça e extrativismo vegetal, que foram importantes para fixação de grupos sociais de épocas.

Depois abertura dos ramais e vicinais, seguido da agropecuária extensiva, ocasionaram as primeiras metamorfoses na paisagem, deixando "cicatrizes" que podem ser contemplados e quantificados pelo conjunto de dados e informações de sensores remotos, a exemplo das imagens de satélites, muito utilizadas para o entendimento do processo de uso e cobertura da terra.

O trabalho na roça e a exploração de produtos florestais estavam na base do modo de intervenção do meio natural do início da ocupação da MRGTA. Mesmo após a derrubada da mata para limpeza e plantio de culturas de subsistência, a paisagem ainda parecia intocada, mas após os primeiros anos da década de 1940, com a chegada do plano de transporte para região Amazônica, inicia-se mais fortemente os "arranhões" no meio natural, que era visto como obstáculo ao desenvolvimento.

Depois, é com a derrubada da vegetação nativa para construção das pastagens, que se tem a segunda grande intervenção no mosaico da paisagem da MRGTA, pois a retirada da floresta era necessária para criação de pastos. Durante o período da abertura dos ramais, vicinais e construção de estradas até a região dos pastos, a floresta começa mais intensamente ir ao chão de forma brutal, aparecendo cada vez mais as alterações que podem ser captadas por Sensoriamento Remoto, após serem submetidas à melhoria visual por técnicas de Processamento Digital de Imagem (PDI) e integradas para análise espacial em Sistema de Informação Geográfica (SIG).

Entre os anos 1988 a 2004, aconteceu a forma mais intensa de transformação na paisagem na MRGTA, em razão da chegada dos projetos pecuários, além da exploração seletiva de madeiras, que vai geral uma crise no setor madeireiro, decorrente da exploração/degradação provocada pelo fogo/extração da madeira/lavoura/carvoaria/pasto simultaneamente (Figura 14). Com os dados dos sensores orbitais, contabilizou-se que as pastagens, entre 1988 a 1995 (7 anos), cresceu 14,4%. As plantações de dendezeiros na MRGTA começaram a ocorrer em 1988, ocupando inicialmente uma área de 220,45km², passando para 284,17km² em 1995, crescendo em torno de 22,4% em 7 anos.

De 1995 a 2004, ocorre um aumento nas áreas de pastagens no sentido sul-leste da área em análise, principalmente nos municípios de Tailândia e Tomé-Açu (Figura 14). Os dendezais cresceram 73,9% (7 anos), passando a ocupar um espaço de mais de 244,96km² na MRGTA, o que equivale a 34 campos de futebol, com mais de 2 milhões de dendezeiros.

Com os dados do Mapa Bioma de vegetação de floresta, identificou-se uma supressão da vegetação, entre 1995 a 2004, em mais de 200%, tendo as áreas de pastagens evoluídas em 39%, dando início à consolidação do latifúndio hegemônico do pasto na maior parte dos municípios da MRGTA (Figura 14).

Portanto, inicialmente as intervenções no mosaico da paisagem da MRGTA ocorreram por meio de três frentes. A primeira, advinda do processo de ocupação ligado à caça, a pesca, ao extrativismo vegetal e a exploração da madeira para construções de casas, pontes e outras infraestruturas.

A segunda vertente, está ligada a chegada dos fazendeiros e madeireiros, impulsionados por campanhas governamentais locais, regionais e federais, os quais produziram ao longo de décadas, regiões ambientalmente degradadas, que posteriormente servirão para demanda do cultivo dos dendezeiros, que vai representar a última vertente da mudança da paisagem, abotoado ao aspecto socioambiental de reflorestamento.

Buscando inserir os projetos de expansão da dendeicultura na transformação da paisagem da MRGTA, nota-se, que após o lançamento do Programa de incentivo à produção do biodiesel (Pará-Biodiesel), houve um aumento de 532,48km² nas áreas de cultivo do dendezeiro, perfazendo uma expansão de 54% entre 1995 a 2004 (9 anos) (Tabela 1).

Ainda neste período, as alterações na paisagem da MRGTA, sofreram influência do processo de ocupações espontâneas ou dirigidas na região, o que promoveu ainda mais a abertura de ramais, vicinais, ruas e rodovias, para os emergentes núcleos de povoamentos.

De acordo com Teixeira Júnior (2017, p.25), na região norte, mais de 75% dos desmatamentos aconteceram em grandes faixas ao longo dos ramais e rodovias, voltadas para extração da madeira e exploração pecuária por incentivos político-econômicos do Estado.

No final desse tempo, foi lançado o Programa Nacional de Produção e Uso de Biodiesel (PNPB), considerando a introdução do dendê na matriz energética do Brasil, o que garantiu a partir de 2005, uma maior ousadia das grandes empresas dendeicultura da região Norte, para alterar a paisagem com a introdução de mais talhões de dendezeiros, agora atrelados à justificativa de garantir a inclusão social e econômica, principalmente em função da agricultura familiar advinda do PRONAF.

Até o ano de 2004, a retirada da vegetação nativa continuava intensa na região, segundo o sistema de Detecção do

Desmatamento em Tempo Real (DETER) e do Instituto Nacional de Pesquisas Espaciais (INPE), sendo necessário divulgar a lista de municípios que mais desmatavam na Amazônia, o que vai reforçar as ações de combate ao desmatamento nessas localidades.

Entre 2004 a 2010, houve uma crise do setor madeireiro na Amazônia, que teve como marco o ano de 2008, após a "Operação Arco de Fogo" que fechou uma série de madeireiras e carvoarias na região, em especial no município de Dom Eliseu, Novo Progresso, Novo Repartimento, Paragominas, Rondon do Pará, Tailândia, dentre outros, (VAN DEURSEN VARGA, 2017, p.230; ARAÚJO, 2017; TEIXEIRA JÚNIOR, 2017).

A expansão dos dendezais neste período, inscreve-se nesse movimento do controle do desmatamento e produção de biocombustíveis, com a meta nacional de adição de 5% de biodiesel ao petrodiesel, a ser atingida até 2013 (HOMMA, 2016, p. 34).

Então, a partir de 2004, a expansão da dendeicultura na MRGTA pode ser apontado como um importante marco de adequação ambiental dessa região, pois grandes fazendas agropecuárias degradadas ou em processo de mudança de modalidade econômica, com a soja e o milho, principalmente ao sul da MRGTA, serão alvos dos grupos dendeicultores, introduzindo mais da paisagem exótica do dendezeiro, tendo como pano de fundo o compromisso de reflorestamentos com dendezeiros.

Com os dados de detecção remota, por imagens de satélites, contabilizou-se que na MRGTA em 2010 tinha 152 polígonos de dendezeiros, e após 8 anos (2018) passou para 808 polígonos, totalizando 840,99km² em 2010 e 2.296,06km² em 2018. Portanto, em menos de dez anos os polígonos de dendezais aumentaram significativamente, correspondendo a 3.215,69 campos de futebol (Figura 14).

As alterações provocadas pela degradação ambiental, produzida pela perda de cobertura vegetal, decorrente do processo de exploração madeireira e agropastoril,. impulsionou o agronegócio do dendê na MRGTA, mas agora amparado no discurso da sustentabilidade e na criação de uma nova relação com meio ambiente local, fazendo com que o pasto começasse a ser ocupado pela palma de óleo, sendo também difundido como uma excelente alternativa para a recuperação do desequilíbrio ambiental na Amazônia, inaugurando-se ciclo de crescimento econômico, atrelado à geração de trabalho, emprego e renda com sustentabilidade (NAHUM E DOS SANTOS, 2018; CRUZ; DE FARIAS, 2018).

As áreas de vegetação nativa, entre 2004 a 2010, cresceu 56,6%, a pastagem evoluiu para 32,9% e o dendezal cresceu apenas 36,6%. A evolução nas áreas de vegetação e o crescimento das áreas de plantio de dendê, retratam o primeiro resultado do programa do desmatamento zero na MRGTA, por meio das ocupações das áreas de pastagem por palma de óleo. Ou seja, o governo estadual e federal inicia em 2005 um trabalho de incentivo a ocupação das terras degradadas por dendezeiros, o que vai ecoar mais uma vez no crescimento médio de 4,3% nos campos de plantações do dendezeiro, com relação ao período anterior (1995 a 2004).

A iniciativa de aceitar o cultivo do dendezeiro em pasto degradado, foi incentivado pelo Governo Federal, com objetivo de restabelecimento da vegetação, mesmo está sendo exótica, por meio da alocução da "economia verde", produção sustentável e o fortalecimento dos sistemas econômicos municipais de meio ambiente.

Entre 2010 e 2018, inicia-se na região um período de especulação imobiliária, em razão dos grandes investimentos privados para expansão da produção de óleo de palma, principalmente após os lançamentos do Programa Nacional de

Produção Sustentável de Palma de Óleo (PSPO) e do Programa Nacional de Fortalecimento da Agricultura Familiar (PRONAF), ocasionando mudanças nos "*modus operandi*" de exploração, compra e venda de terras situadas na faixa preferencial de 55.000 km² (7.703 campos de futebol) com condições edafoclimáticas para a implantação da cultura do dendezeiro em harmonia com a biodiversidade (RAMALHO FILHO; MOTTA, 2010).

É neste intervalo de tempo, que os dendezais cresceram 63,3% em 8 anos. A taxa de crescimento anual das áreas de cultivo do dendezeiro foi de 7,9% ao ano, equivalendo a uma expansão de mais de 181,42 km² por ano (Tabela 1), alicerçados pelos Programas PSPO e PRONAF. Hoje, no território do dendê, ocorre uma concentração e centralização de terras por poucas empresas, reforçando a estrutura agrária desigual na Amazônia, conforme afirmam Becke e Stenner (2008).

Na Figura 13, (2°29'2.21"S; 48°45'22.08"O), tem-se uma leve percepção da "varredura fundiária" na área rural e urbana potencialmente qualificados para dendeicultura na MRGTA, promovido geralmente por políticos, empresários e comerciantes locais (NAHUN; SANTOS, 2018, p.215).

Figura 13 - Terrenos reservados na área urbana por empresa dendeicultora.
Fotos: Trabalho de campo (2019).

Com os dados analisados, identificou-se que entre 2004 a 2018, os dendezeiros desenham uma nova paisagem no campo da

MRGTA, incentivado por condições políticas e programas de expansão do cultivo (PNPB e PPSPO), assim como do mercado internacional de *commodities* e do combate ao "desmatamento zero" e adequação ambiental de produção sustentável, como era defendido.

Nos primeiros quatorze anos, o cenário natural da MRGTA foi submetido a uma intensa transformação, que concebeu novas formas e cores na paisagem dessa microrregião, muitas vezes provenientes da combinação singular de tempos diversos, visíveis e formas e estruturas funcionais da paisagem, permitindo transitar por um cenário do passado ao futuro, mediante considerações do uso da terra do presente, sintetizado no Quadro 1.

Igualmente, de 1988 até os dias atuais, os dendezais surgem como uma nova paisagem, socialmente aceita, em razão do discurso do desenvolvimento regional, proposta de recuperação de áreas degradadas e a inclusão do agricultor no cultivo do cacho de dendê, sendo muito difícil contabilizar, como precisão o número e a quantidade real de dendezeiro e dendezais de cada empresa dendeicultora, sendo quase um dado sigiloso, como declara Nahum, 2015.

Tabela 1 - Evolução dos principais usos e coberturas da Terra da MRGTA.

Uso e Cobertura da Terra	Vegetação	Solo Exposto / Pastagem	Dendezais
1988	20.795,82	2.374,11	220,45
(1995 - 1988)	-531,47	400,27	63,72
%	-2,6	14,4	22,4
1995	20.264,35	2.774,38	284,17
(2004 - 1995)	-13.724,92	1.770,34	248,31
%	-209,9	39	46,6
2004	6.539,43	4.544,72	532,48

(2010 - 2004)	8.535,91	2.225,49	307,82
%	56,6	32,9	36,6
2010	15.075,34	6.770,21	840,3
(2018 - 2010)	-607,46	-2.387,02	1.451,36
%	-4,2	-54,5	63,3
2018	14.467,88	4.383,19	2.291,66

Legenda: % - Taxa de crescimento. Fonte: Geoprocessado pelo autor (2019).

Na síntese do Quadro 1, e como apoio da Figura 14, apresenta-se a transformação da paisagem da MRGTA, em razão das constantes modificações do espaço, que tiveram momentos mais intensos que outros, geralmente após o lançamento de políticas e programas que ajudaram e legitimaram o poder público-privado a realizarem a concentração e centralização de terras por meio da aquisição de imóveis, reforçando continuamente a estrutura agrária desigual na Amazônia, intensificado em razão do mercado internacional de *commodities* do dendê (NAHUM; DOS SANTOS, 2018, p. 121).

As mudanças na paisagem da MRGTA, são evidenciadas pela dinâmica dos gráficos do quadro 1, aonde em 1988 a floresta primária mantém-se predominante, passando a sofrer reduções no seu domínio para as pastagens.

O ano 2010 é considerado o marco principal do agronegócio do dendê na MRGTA, contudo ilustra-se no mapeamento dos dendezais (Figura 14) que essa expansão vem ocorrendo por décadas, no início sobre regiões de floresta e campos naturais e em seguida sobre regiões degradadas, promovendo mudanças no mosaico da paisagem dessa microrregião, representando um território de 2.291,66km² de dendezeiros.

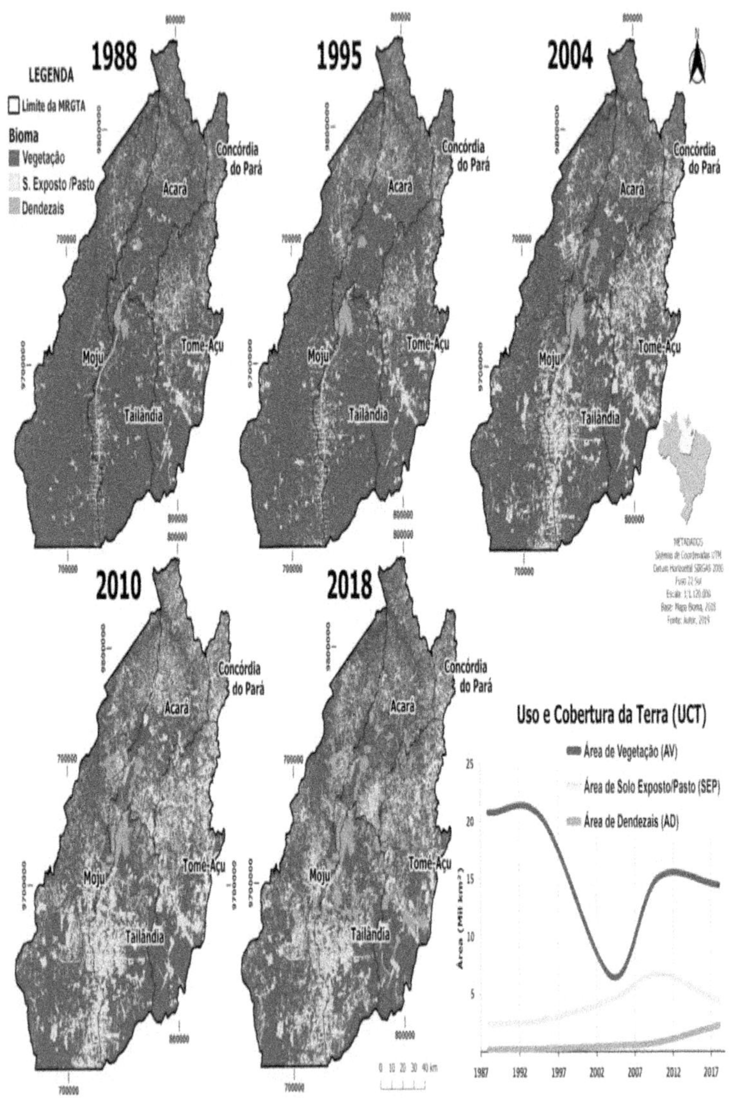

Figura 14 - Evolução e distribuição do uso e cobertura da terra na MRGTA de 1988 a 2018
Fonte: Geoprocessado pelo Autor (2019)

Quadro 1 - Síntese da transformação dos elementos de paisagens da MRGTA.

Área de vegetação / Área de dendezais / Área de pastagem		
1988	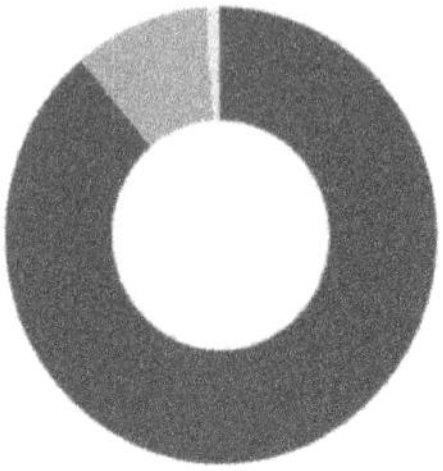	• Floresta primária mantém-se predominante, passando a sofrer reduções no seu domínio para as pastagens. • Exploração seletiva de madeiras, bem como implantação de projetos pecuários; • Potencialidade econômica do dendê (Pró-Óleo); • Forte conteúdo político-ideológico da tríade terra, trabalho e família; • Desenvolvimento desigual e combinado capitalista; • Condições políticas para obtenção de financiamento e • Plantios de coco e o dendezeiro desenham nova paisagem no campo.
1995	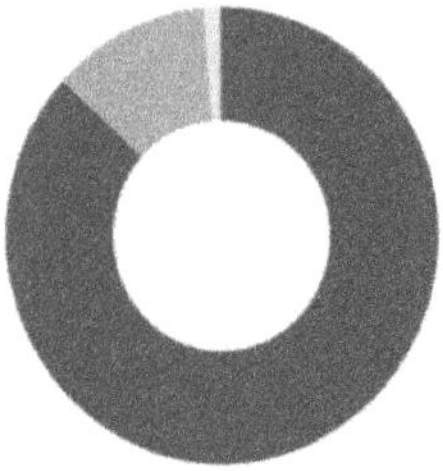	• Exploração seletiva de madeiras, bem como implantação dos projetos pecuários; • Investimentos em infraestrutura no Estado que moldam o território, objetivando torná-lo atrativo para o capital; • Paisagem natural transformada pela mão do homem, visando produtos primários, floresta, madeira e pecuária; • Construção do Novo Pará, buscando promover a reforma do Estado e expandir a base produtiva, que provocou grandes desmatamentos e • Políticas criadas para direcionar os investimentos e os usos do território, sendo o dendê apresentado como a melhor alternativa.

2004	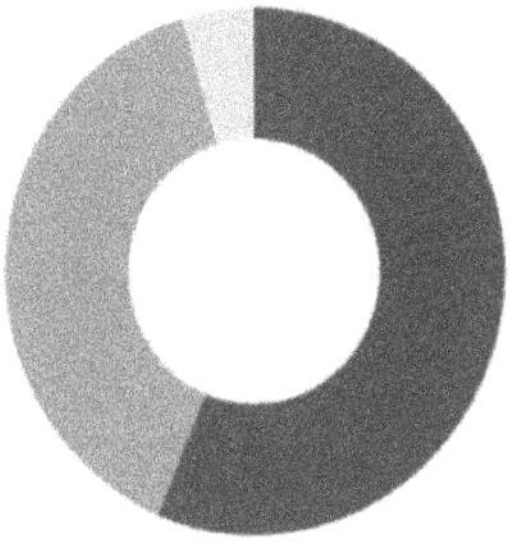	• Dendeicultura aparece como um importante projeto de adequação ambiental e de "desmatamento zero" • Biodiesel começa a ser inserido na matriz energética brasileira; • Lançamento de políticas e programas de expansão do cultivo, em razão do mercado internacional de *commodities* (PNPB e PPSPO). • Pastagem e dendê representam os processos de constantes transformações do espaço; • Expansão do dendezeiro apresenta problemas ambientais, trabalhista, fundiários, dentre outros; • Programa da agricultura familiar com a cultura do dendezeiro; • Mandioca vem cedendo espaço e mão de obra para monocultura do dendezeiro e • Conflitos de terra, poluição de recursos naturais.
2010	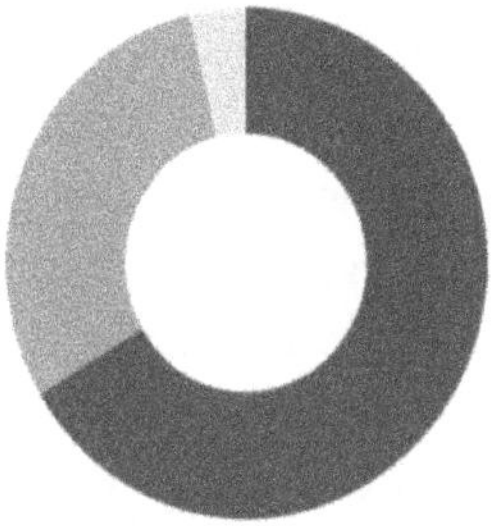	• Maior aquisição e arrendamento de terras por grandes empresas para expansão do dendê; • Dendeicultura torna-se um discurso de progresso associado à evolução estrutural, econômica e social do espaço; • Amarelecimento Fatal (AF) ameaça o desenvolvimento da dendeicultura no Estado do Pará; • Agricultura familiar, inclusão social e desenvolvimento regional pela geração de trabalho, emprego e renda pelo dendezeiro e • Crescimento do território do dendê, como uma proposta lógica de recuperação ambiental.

2018	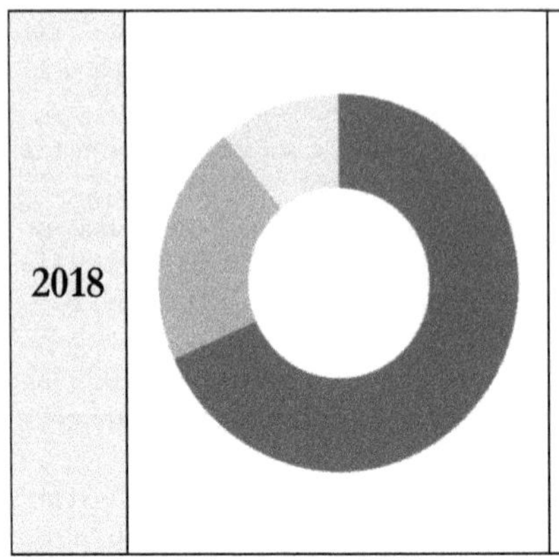	• Ampliação das áreas de dendê no nordeste paraense para a produção de energia renovável; • Dendezais como uma nova paisagem, socialmente aceita, em razão da inclusão do agricultor na cadeia de cultivo dos cachos; • Paisagem natural submetida a uma transformação, principalmente para forma de produção, sendo os tipos de utilização da terra visando o agronegócio do dendê e • Dificuldade de encontrar em número de dendezais de cada empresa dendeicultora, sendo um dado sigiloso.

Fonte: Compilado pelo Autor (2019)

Deste modo, e até certo ponto, a paisagem rural dessa microrregião está bem diferente dos tempos passados, inicialmente para os projetos de ocupação do Brasil, com a exploração dos recursos naturais, e hoje em decorrência do agronegócio da dendeicultura, que têm avançado por saltos por décadas, conduzido na maioria das vezes por ações estatais, bem como pelas corporações gigantescas ou firmas transnacionais.

É importante salientar, que com a expansão dos dendezais, tem-se o aumento da cobertura vegetal da região. Contudo, mesmo sendo uma espécie fotossintetizante, os dendezais são considerados como uma paisagem exótica, mas possui uma alta biodiversidade como boa representatividade de aves e mamíferos, semelhantes ao bioma florestal, devendo ser destacado como um mosaico homogêneo distinto e único proveniente dessa cultivar que remodela a paisagem da MRGTA, como consequência das ações do Estado, garantindo a concentração e a exploração da terra pelo modelo agroexportador de grande escala, que tem desestimulado as atividades econômicas subsidiárias e complementares, a exemplo das áreas agrícolas, até então isoladas, que estão deixando de produzir a policultura e os excedentes de alimentos, como lembram Nahum e Dos Santos (2018) e Ribeiro (2017).

Transformação da paisagem nas áreas de plantio dos dendezeiros

Acredita-se pela pesquisa, que o agronegócio do dendê veio para região da MRGTA, em razão do Amarelecimento Fatal (AF) ocorrido no primeiro Polo de cultivo, ao longo da rodovia Belém-Brasil, nos municípios de Mosqueiro, Benevides e Castanhal. Ou seja, como a anomalia do dendê dizimou milhares de palmeiras, ficou inviável continuar a expansão dos dendezeiros nessa região, o que provocou a mudança do eixo de cultivo para MRGTA na década de 1980.

Inicialmente os dendezeiros na Microrregião de Tomé-Açu (MRGTA), foram cultivados em latifúndios improdutivos ou subaproveitáveis degradados, produzidos pela pecuária ou agricultura, durante a época da abertura de vicinais, estradas e rodovias ao longo de décadas.

Depois houve o avanço sobre as vegetações adjacentes, e em dias atuais instalam-se sobre os minifúndios explorados por proprietários e seus familiares, tanto na área rural, quanto na urbana dentro dos limites dos municípios do Moju, Acará, Tomé-Açu e Concórdia do Pará, reflexo dos financiamentos e isenções fiscais, vinculados a projetos da Superintendência do Desenvolvimento da Amazônia (SUDAM), Banco Nacional de Desenvolvimento Econômico (BNDES) e Banco da Amazônia (BASA), como explicam Müller e Alves (1997, p.16).

De 1988 a 2010, a vegetação dentro das propriedades particulares, como fazendas e sítios, foi severamente alterada, em razão das iniciativas econômicas de substituição da vegetação pelo pasto de forma sistemática. Portanto, boa parte da cobertura vegetal, das fazendas e sítios da MRGTA, foram derrubados para criação de pastos e/ou múltiplos usos, que depois de vinte e dois anos, transformaram-se em regiões degradadas ou solos expostos. Em seguida, as empresas dendeicultoras adquiriram essas propriedades para o plantio dos dendezeiros e após consolidados, ocorreu, quase que inversamente, a subtração do restante das vegetações adjacentes das propriedades.

Ou seja, neste intervalo de tempo, as vegetações do tipo floresta foram muito exploradas dentro das primeiras propriedades rurais da MRGTA (Gráfico 1), e somente a partir de 2010, começam a ser totalmente empregadas efetivamente para o cultivo dos dendezeiros, principalmente após as políticas de financiamento para a implantação, ampliação ou modernização das estruturas de produção, beneficiamento, industrialização e de serviços em estabelecimentos rurais ou em áreas comunitárias rurais próximas, visando à geração de renda e à melhora do uso da mão de obra familiar por meio de programas como PRONAF.

No intervalo de 2004 a 2010, os dendezeiros ocupavam grande parte dos terrenos das cooperativas e empresas pioneiras no cultivo da palmeira de origem africana, em especial das agroindústrias Companhia Refinadora da Amazônia (CRAI), Agropalma, Agropar, Amapalma, Companhia Palmares da Amazônia (CPA) e a Cia Refinadora da Amazônia, que passaram a compor o Grupo Agropalma no ano de 2001 (HOMMA *et al.*, 2014, p. 14).

Na década de 2010, houve um ponto de intercessão na mudança de paisagem dos talhões de dendezeiros (Gráfico 1), decorrente da fase do combate ao desmatamento pela inserção dos dendezeiros como alternativa para a recuperação do desequilíbrio ambiental na Amazônia. Assim, a partir deste período ocorreram intensas transformações na paisagem da MRGTA, decorrente da substituição das pastagens e/ou áreas degradadas ainda existentes por área de dendezeiros, em razão do mercado internacional de *commodities* do cultivo do dendezeiro, que desde 2008, aparece como um importante projeto de adequação ambiental e de produção sustentável (Gráfico 1 – faixa vermelha), provocando uma taxa evolutiva de 53,3%, e uma média de crescimento de 7,3% no número de dendezeiros neste período.

O Gráfico 1 ilustra a fase de conversão da vegetação das propriedades rurais, que inicialmente serviram ao setor madeireiro (1988 a 2008), e por conseguinte, deram lugar aos pastos e/ou solos expostos (1988 a 2004), que posteriormente foram adquiridas para o plantio de dendê (2008 a 2018), tudo isso impulsionado pelos grandes programas e políticas governamentais, aliados a "Operação Arco de Fogo" e EMBRAPA, que definiu o zoneamento do dendê, bem como as áreas de preservação permanente. Ainda com Gráfico 1, é possível identificar o momento da conversão da base econômica das propriedades rurais na MRGTA, que sempre esteve alicerçada no extrativismo madeireiro e na produção agropecuária (faixa amarela), e depois deram lugar as culturas do dendê.

Gráfico 1 – Dinâmica da paisagem nas propriedades de cultivo do dendê (1988 a 2018)

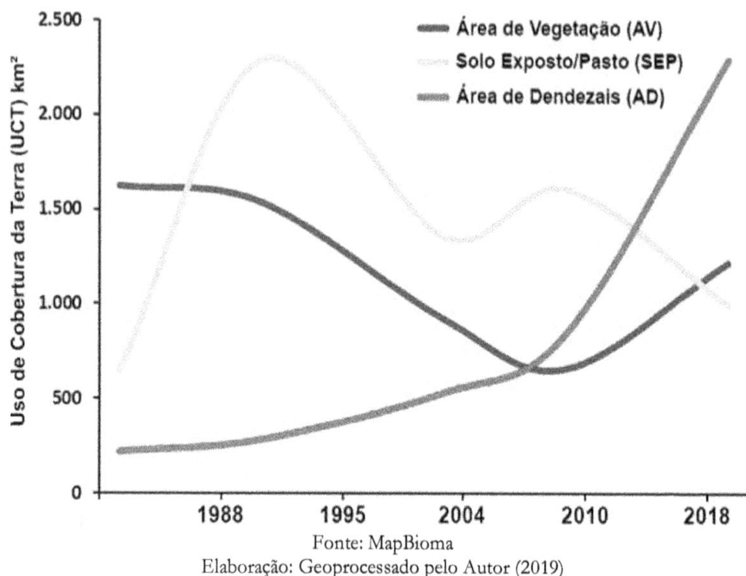

Fonte: MapBioma
Elaboração: Geoprocessado pelo Autor (2019)

Depois das políticas empreendidas, PNPB, PPSO e PRONAF, para expansão dos dendezais, tanto na modalidade empresarial, quanto do pequeno agricultor rural, têm-se os registros das marcas temporais, sobre regiões aonde ocorreram às explorações dos recursos naturais, criação de gado, assentamentos, produzidos pelos grandes grupos empresariais do dendezeiro, a exemplo do Grupo Agropalma.

Percebe-se que as grandes propriedades agrárias da MRGTA, após serem convertidas em empresas dendeicultoras, tiveram grande parcela na transformação da paisagem, associada ao conjunto de políticas públicas e avanços técnicos para o plantio dos dendezeiros em larga escala, para ganhar o acirrado mercado mundial de *commodities* do dendê, o que fez com que se estruturassem enormes regiões marcadas pela monótona paisagem dos dendezeiros (OLIVEIRA NETO, 2017, p. 121).

Transformação da paisagem da Agropalma

Através da análise e interpretação de imagens orbitais, e com base em fotografias de Aeronaves Remotamente Pilotada (ARP), observa-se a transformação da paisagem dentro do limite da primeira empresa de dendê, pertencente a Agropalma na MRGTA, que iniciou suas atividades através da pioneira Companhia Real Agroindustrial (CRAI) (Figura 15 – elipse pontilhada), responsável pelo plantio dos primeiros dendezeiros na década de 1988, após o lançamento do Pró-Óleo, sendo posteriormente ampliada através da chegada das empresas Amapalma e Agropar (HOMMA; FURLAN JÚNIOR, 2011, p.14) (Figura 15 – seta amarela e vermelha).

A CRAI ocupou em 1988 uma área de pastagem degrada de 100,28km², passando em 1995 para 166,27km², após adquirir outra pioneira do dendezeiro, a Amapalma S.A (Figura 15 – seta amarela). A CRAI/Amapalma ocupou áreas de pastagem degradada (Figura 15 - elipse pontilhada), aonde retirou a vegetação restante, e realizou posteriormente o plantio de dendezeiros (Figura 15 - seta na cor amarela e ciano), demostrando a capacidade do Grupo de remodelar a paisagem preexistente, produzindo novas condições naturais.

Entre 1995 a 2004, a CRAI/Amapalma pertencendo ao Grupo Agropalma, ainda repetia dentro do limite de sua propriedade a supressão da vegetação nativa e/ou mata secundária para criação de novos talhões dos dendezeiros (Figura 15). A expansão dos dendezeiros das empresas rurais e nos minifúndios passaram a ocorrer mais intensamente a partir da década de 2004, e está relacionado à demanda em escala mundial da produção de óleo de dendê e políticas públicas de época de financiamento dos plantios dos dendezeiros, bem como do programa de desmatamento zero, que incentivou o plantio do dendê em pastos abandonados ou áreas degradadas (ARAÚJO, 2000; WILKINSON; HERRERA, 2008).

Após cada programa conduzido pelo Estado, expandiram-se as áreas de cultivos, primeiro por corporações gigantescas ou firmas transnacionais, e depois pelos agricultores familiares, produtores rurais e cooperativas. De 2004 a 2010, agora denominada de I Complexo da Agropalma, a empresa duplica sua área de plantio de dendezeiro, passando a ocupar um território de 375,22km², correspondendo a uma taxa de crescimento de 55,7% (208,95km²). Depois de 2010, o Complexo da Agropalma teve uma taxa de expansão anual de 7,1% e 4,0% em 2010 e 2018, respectivamente.

Os dendezeiros têm um potencial de produção de cachos de 25 a 30 anos, o que corresponde a uma média de 25-28 toneladas por hectares/ano (NAHUM; DOS SANTOS, 2018, p. 1). Desta forma, as palmeiras-de-dendê plantadas em 1988 já apresentam baixas ou nenhuma produtividade, notadamente por ultrapassarem o período econômico de produção de mais de duas décadas.

Esse fenômeno tem levado as empresas dendeicultoras que iniciaram suas atividades na década de 80, a retirarem as antigas palmeiras para o replantio de novas mudas, para o aumento da produção, mudando-se novamente a paisagem rural (Figura 15 - círculo azul). Desde 2018, já foram derrubadas mais de 10,18km² de floresta de dendezeiro, arruinando todo equilíbrio ecológico desenvolvido desde 1988.

Com as análises tempo-espacial do complexo da Agropalma, generaliza-se que as transformações da paisagem dentro dos limites das estruturas fundiárias dessa empresa, aonde inicialmente foram derrubadas grande quantidade de árvores, convertendo a terra em solo exposto, foram severas, sendo difícil, depois de alguns anos, identificar qualquer vestígio da vegetação ou outra unidade de produção como o pasto que ali existia, quase como um processo de fagocitose (Figura 15 - seta na cor ciano). Através das políticas organizacionais e os programas de incentivo para a expansão do cultivo do dendezeiro, consolidou-se um conjunto de mudança no mosaico da paisagem da região, que ganha "vida" por meio da substituição de áreas desmatadas/improdutivas/abandonadas pelo plantio da cultura do dendezeiro (Figura 15).

O crescimento da Agropalma é reflexo das garantias e vantagens dadas pelo Governo, sobretudo na década de 2000, decorrente de uma verdadeira guerra fiscal entre os municípios com objetivo de atrair mais empresas, bem como vantagens comparativas favoráveis de abundância de mão de obra, facilidade de matéria-prima, energia e transporte, etc. (OLIVEIRA NETO, 2017, p. 122).

O processo de expansão do Grupo Agropalma continua em pleno vigor, por meio do crescimento das áreas de cultivo de dendezeiros, extração de óleo e verticalização da cadeia produtiva do óleo de dendê, e agora depois de 30 anos, pela substituição das palmeiras antigas de dendê, cultivadas pela CRAI em 1982, que em seguida passou a pertencer a Agropalma, por dendezeiros, híbrido interespecífico, que são mais resistentes às doenças, como AF, devendo produzir cachos até meados de 2027, na escala de 8 toneladas por hectares (DOS SANTOS et al., 2017).

A chegada crescente das indústrias do dendezeiro estimulou um aquecimento no mercado de terras nos municípios da MRGTA (NAHUM; DOS SANTOS, 2015, p.317). As áreas antropizadas de fazendas agropecuárias, sítios, chácaras, produtivos ou não, são as áreas de maior procura, pois segundo o Art. 4° do Programa, "Fica vedada, a partir da vigência desta Lei, a supressão, em todo o território nacional, da vegetação nativa para a expansão do plantio de palma de óleo" (NAHUM; DOS SANTOS BASTOS, 2014, p.474).

A Figura 15 ilustra as mudanças da paisagem dentro dos limites de uma propriedade privada, obedecendo a uma área de cultivo com espaçamento de 9m x 9m, com mais de 143 palmeiras plantadas por hectares, que substituíram a vegetação das propriedades rurais, decorrente da associação entre produção e a conservação da biodiversidade, principalmente em razão do cumprimento da legislação de reservas legais, como declara Bastos Santos (2016, p.66).

A quantidade de dendezais nas grandes propriedades rurais na MRGTA, mais que dobrou a partir do ano de 2004, quando comparado às plantações dos anos de 1988 e 1995, avançando sobre regiões de pastagens subaproveitadas (Figura 15 – seta vermelha), especialmente em razão do controle do desmatamento, por meio da produção de biocombustíveis, para alcançar a meta nacional de adição de 5% de biodiesel ao petrodiesel (HOMMA, 2016, p. 34).

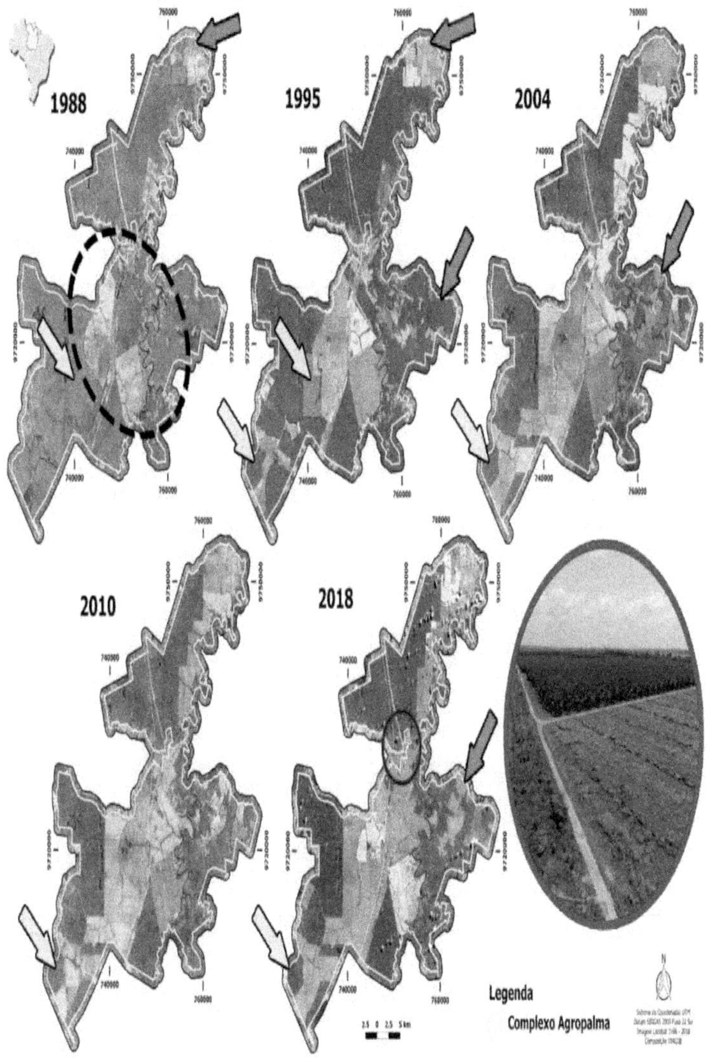

Figura 14 - Dinâmica das transformações da paisagem dentro do Complexo Agropalma I (1988 a 2018)
Fonte: Mapeado pelo autor em imagem Landsat TM7 e OLI/8 (2019)

Hoje a expansão da dendeicultura é vertical, e marcado pelos processos mais especializados da agroindústria para agregar maior valor aos produtos e derivado da palma de óleo (NAHUM; DOS SANTOS BASTOS, 2014). Neste contexto, o Quadro 2 sintetiza as alterações dos padrões espaciais e a evolução do uso e cobertura da terra no interior das propriedades agrárias dos dendezais na MRGTA ao longo de 30 anos.

Também no Quadro 2, são apresentados o resumo das transformações na paisagem das propriedades rurais, decorrentes de diferentes ciclos econômicos na Amazônia, representado por fases de especulações, expansões e consolidações.

Quadro 2 - Síntese da transformação dos elementos de paisagens de 30 anos no interior das propriedades agrária da MRGTA.

Área de vegetação Área de dendezais Área de pastagem		
1988	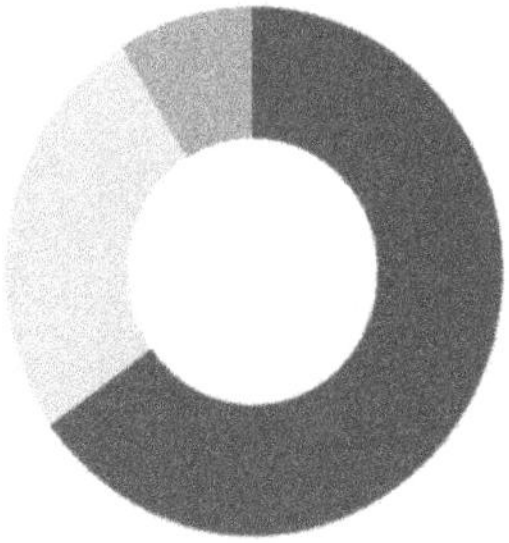	• Ampliação dos ramais, vicinais e estradas; • Baixa ausência de produção agrícola e de dendezeiros; • Projetos experimentais das empresas pioneiras da dendeicultura na MRGTA; • Empreendimento pioneiros herdam e aprimoram as áreas degradadas para o cultivo de dendezeiro; • Surgimento das primeiras empresas dendeicultoras; • Os dendezais começam a ser inseridos nas antigas fazendas e sítios, e nas comunidades tradicionais que cultivavam a mandioca;
1995	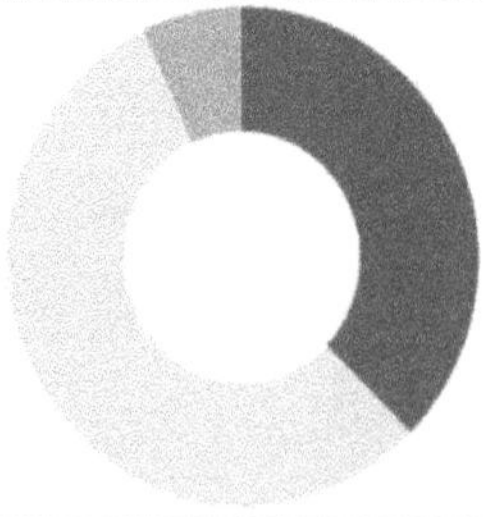	• Ampliação dos ramais, vicinais e estradas; • Grande desmatamento no interior das propriedades rurais; • Predomínio das madeireiras e expansão da agropecuária; • Falência, cisões e reorganizações das empresas dendeicultoras; • Expansão dos dendezais em razão das condições edafoclimáticas para o dendê

		(ZAE – Dendê);
2004	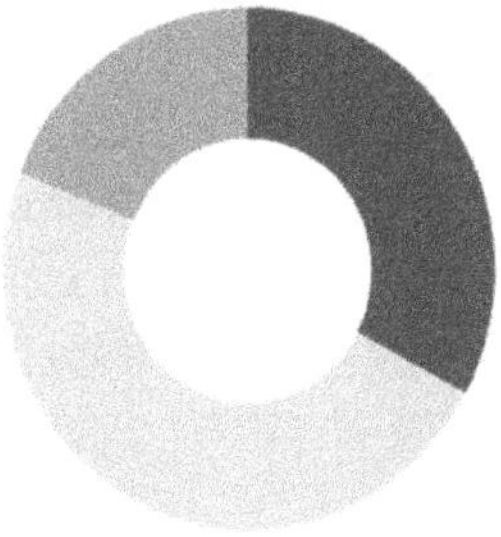	• Plantio de dendê em áreas degradadas; • Ampliação e pavimentação das rodovias (Alça Viária) e estradas de integração do Pará; • Programa da agricultura familiar com a cultura do dendê (PRONAF); • Problema de pressão sobre propriedade familiar, ocorrendo o fenômeno de concentração fundiária, êxodo rural e conflitos de terra e • Intervenção federal na região pelo "Arco do desmatamento".
2010	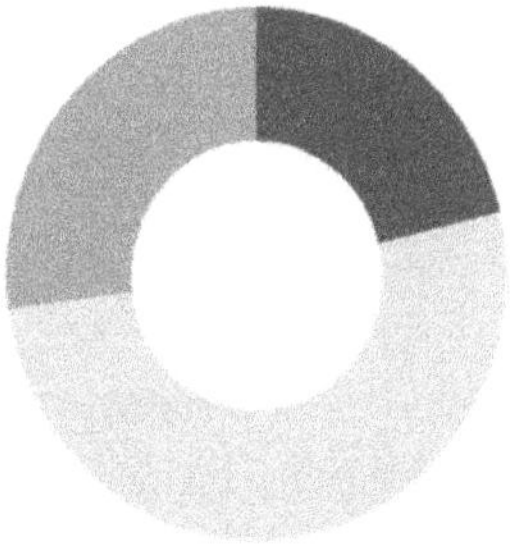	• Expansão da modalidade familiar e empresarial de plantio de dendê, passando de 10 a 1000 hectares; • Expansão dos dendezais em comunidades tradicionais (Quilombolas); • Varredura fundiária, mapeamento de imóveis rurais potencialmente qualificados para o dendezeiro; • Dendezeiros tornam difícil a plantação de outras lavouras, ameaçando a segurança alimentar; • Impacto na paisagem rural, impacto na segurança alimentar, impacto na policultura.
2018	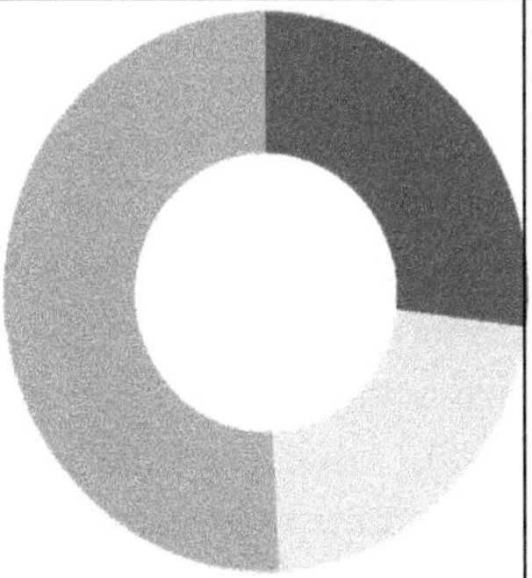	• Antigas fazendas e sítios tomados pela paisagem exótica do dendê; • Consórcio de plantio do dendê com espécies florestais nativas e exóticas com o açaí (*Euterpe oleracea*), a teca (*Tectonagrandis*) e o eucalipto (*Eucalyptus globulus*); • Perda da produtividade de dendezais com mais de 25 anos de idade; • Retiradas dos antigos dendezais e • Cumprimento da legislação ambiental de reservas legais.

Fonte: Compilado pelo Autor (2019)

O dendê em propriedades da MRGTA também pode ajudar a entender as longa etapa da formação agroextrativista regional, com suas fases de especulações, expansões e consolidações com transferência de mazelas e problemas para as etapas seguintes, decorrente de políticas que têm o poder de mudar o espaço rural para reprodução do capital, sobre o discurso do desenvolvimento territorial rural, o que vai provocar na região uma transformação dentro e fora das áreas de cultivos dos dendezeiros.

Transformação da paisagem pelos arruamentos

A transformação da paisagem pelos arruamentos (vicinais, ramais, estradas e rodovias) foi viabilizado pelo Estado, por meio de grandes investimentos em infraestruturas que ligam o território, tornando-o atrativo para o capital expandir a base produtiva, a exemplo do cultivo dos dendezeiros (CARVALHO, 2016). A abertura dos eixos viários ou arruamento, promoveram uns dos primeiros impactos no conjunto da paisagem que saltam aos olhos na MRGTA, principalmente com objetivo de conectar os territórios, a partir de uma base multimodal, criando possibilidades de redes locais, nacionais e internacionais.

Na MRGTA, o Estado foi o principal agente do processo de expansão de fluxos (arruamentos), que correspondem à complexidade funcional e espacial de transporte de carga nessa microrregião, necessários ao processo da exploração natural, uso agrícola e uso urbano, dentre outros, que durante esses 30 anos, desenharam várias paisagens. Desta forma, entre 1988 a 1995, as estradas e ramais totalizavam mais de 6.213,57km, passando para 8.268,69km de vias em sete anos, representando uma evolução de 72,5%, principalmente para o escoamento dos recursos naturais (madeira, carvão, gado, dentre outros).

As construções dos ramais, vicinais de colonização e ruas que se ligam as estradas e rodovias principais, possibilitaram o acesso à floresta da MRGTA, primeiro para exploração da madeira (corte e queima), depois para dar admissão aos povoados, vilas e cidades, para posteriormente permitir o acesso às regiões de pastos e por fim, as áreas de plantações, típico do modelo de fronteira, promovendo transformações na paisagem da floresta, dos rios, das nascentes e no ecossistema como um todo, raro sem impactos sobre a biodiversidade local.

Os ramais dos dendezais em 1995 somavam 1.096,64km, crescendo mais de 55,9% (1.961,11km) em 9 anos (Tabela 2), sobretudo ao sul, entre os municípios do Acará e Tailândia (Figura 16). O perímetro total dos dendezais chegou a 321,0km (1995), passando para 722,1km (2004), correspondendo a aumento de 44,4% em menos de uma década (Tabela 2).

Entre 1995 a 2004, a taxa de crescimento dos ramais de dendê foi de 57,2% no Moju, 56,4% em Tomé Açu, 49,6% no Acará e 29,0% em Tailândia, justamente para aonde ocorreu à expansão da malha de ramais do dendezais (Tabela 2) (Figura 16). Por fim, os ramais, vicinais, ruas, estradas e rodovias totalizaram 11.652,09km em 2004, correspondendo a uma taxa de aumento de 73,3% com relação a 1995 (Tabela 2).

A taxa de crescimento de 48,0% dos ramais dos dendezais da região em análise foi, sobretudo, resultado do capital acionado para transformar extensas terras improdutivas (fazendas e sítios) e pastos degradados em áreas de dendezais, a exemplo do Projeto Nacional da agricultura familiar (PRONAF) para a cultura do dendezeiro por meio dos projetos Arauaí I e Soledade, no município de Moju, Estado do Pará, com os plantios iniciados entre 2002 e 2004.

De acordo com Nahum e Dos Santos (2018), o Programa de Óleo de Palma do Pará previa a construção de mais de 676,27km de arruamentos, ligados a PA 124, PA 252 e PA 256, além de seis pontes, totalizando 1.949,88m, e mais cinco portos para a cadeia produtiva do dendê, dando mais fluidez ao escoamento, isso sem contar com as hidrovias, por onde saem parte dos cachos de dendê e subprodutos da produção do óleo de palma, como a bucha do dendê, por meio de balsas pelos rios Acará e Moju.

De 1988 a 2010, as áreas de dendezais cresceram 73,7% em 22 anos, representando uma evolução de 3,4% de dendezais a cada ano, equivalendo a 28,17km² de áreas de cultivo da palma de óleo em cada ano, sobrevindo aos olhos à envergadura do capital investido para expansão dessa monocultura nos cinco municípios da MRGTA.

Neste momento o município de Concórdia do Pará, começa a aparecer no cenário da dendeicultura da MRGTA, inicialmente pela expansão de 83,7% dos ramais dos dendezais, sobretudo nos lotes da agricultura familiar "integrada" ao agronegócio do dendê viabilizado pelo PRONAF, o qual vincula o agricultor às grandes corporações agroindustriais que comando esse negócio (Tabela 2).

De 2010 a 2018, os ramais dos dendezais teve uma taxa média de crescimento de 64,6%, sendo 90,0% em Tomé-Açu, 70,2% em Concórdia do Pará, 61,1% no Acará, 56,9% em Tailândia e 45,0% no Moju (Figura 16 - Tabela 2). Portanto, a transformação da paisagem da infraestrutura de transporte na MRGTA ocorreu para possibilitar a conexão de parte de seu território para o escoamento dos produtos da floresta, da extração da madeira, o desenvolvimento da pecuária e hoje para o transporte dos cachos e óleo do dendê (Figura 16).

Apesar do período de 2010 a 2018 ser considerado o marco da expansão das plantações dos dendezeiros na área em estudo, no intervalo entre 2004 a 2010, ocorreu a maior taxa de alargamento dos arruamentos (Figura 16 - Tabela 2), o que permitiu uma maior circulação de veículos e caminhões tanque destinados ao transporte do cacho e do óleo de dendê para as indústrias alimentícias, encurtando distâncias e criando novos rearranjos na paisagem, a exemplo, dos ramais dos dendezais que passaram a ser o delimitador físico entre comunidades e plantações do dendezeiro.

Tabela 2 - Evolução do arruamento (ramais, vicinais, estradas, ruas e rodovias) da MRGTA

Rodovias, estradas, ruas e vicinais (km)						
Municípios	**Acará**	**Concórdia do Pará**	**Moju**	**Tailândia**	**Tomé-Açu**	**Total**
1988	693,1	200,04	1.644,57	1.042,97	1.799,30	**5.379,98**
(1995 - 1988)	263,2	47,62	622	672,45	485,97	
%	27,5	19,2	27,4	39,2	21,3	
1995	956,3	247,66	2.266,57	1.715,42	2.285,27	**7.471,22**
(2004 - 1995)	340,81	119,37	525,12	730,39	504,07	
%	26,3	32,5	18,8	29,9	18,1	
2004	1.297,11	367,03	2.791,69	2.445,81	2.789,34	**9.690,98**
(2010 - 2004)	618,81	17,85	1.280,54	1.085,73	1.124,15	
%	32,3	4,6	31,4	30,7	28,7	
2010	1.915,92	384,88	4.072,23	3.531,54	3.913,49	**13.818,06**

(2018 - 2010)	67,98	41,84	680,86	135,75	194,98	
%	3,4	9,8	14,3	3,7	4,7	
2018	1.983,90	426,72	4.753,09	3.667,29	4.108,47	**14.939,47**
Ramais do dendezais (km)						
1988	198,16	---	244,89	378,17	12,37	**833,59**
(1995 - 1988)	73,97	----	8,6	178,15	2,33	
%	27,2	----	3,4	32	15,9	
1995	272,13	----	253,49	556,32	14,7	**1.096,64**
(2004 - 1995)	267,98	---	338,31	226,76	19	
%	49,6	---	57,2	29	56,4	
2004	540,11	12,42	591,8	783,08	33,7	**1.961,11**
(2010 - 2004)	98,52	64,01	559,73	346,01	166,31	
%	15,4	83,7	48,6	30,6	83,2	
2010	638,63	76,43	1.151,53	1.129,09	200,01	**3.195,69**
(2018 - 2010)	1.002,65	179,7	942,26	1.489,82	1.791,63	
%	61,1	70,2	45	56,9	90	
2018	1.641,28	256,13	2.093,79	2.618,91	1.991,64	**8.601,75**
Ramais de dendê, vicinais, ruas, estradas e rodovias (km)						
1988	891,26	200,04	1.889,46	1.421,14	1.811,67	**6.213,57**
(1995 - 1988)	337,17	47,62	630,6	850,6	488,3	

%	27,4	19,2	25	37,4	21,2	
1995	1.228,43	247,66	2.520,06	2.271,74	2.299,97	**8.567,86**
(2004 - 1995)	608,79	131,79	863,43	957,15	523,07	
%	33,1	34,7	25,5	29,6	18,5	
2004	1.837,22	379,45	3.383,49	3.228,89	2.823,04	**11.652,09**
(2010 - 2004)	717,33	81,86	1.840,27	1.431,74	1.289,37	
%	28,1	17,7	35,2	30,7	31,4	
2010	2.554,55	461,31	5.223,76	4.660,63	4.112,41	**17.012,66**
(2018 - 2010)	1.070,63	221,5	1.623,12	1.625,57	1.987,70	
%	29,5	32,4	23,7	25,9	32,6	
2018	3.625,18	682,81	6.846,88	6.286,20	6.100,11	**23.541,18**

Legenda: % - Taxa de crescimento. Fonte: Geoprocessado pelo autor (2019).

A vinda da dendeicultura na MRGTA solidifica mais ainda o que já existia de infraestrutura de transporte criado pelo Estado desde a década de 1988 para o escoamento mais eficiente de pessoas e das produções da região sudeste do Pará, para o transporte dos cachos e do óleo do dendê, da soja, do milho, dentre outros que são cultivados ao sul dessa microrregião.

Na Figura 16 apresenta-se a organização da paisagem do arruamento, segundo o nível de ocupação e circulação dos núcleos populacionais e dos dendezais, permitindo uma maior modificação no que a vista alcança.

O avanço dos arruamentos, entre 1988 a 2018, na MRGTA é resultado do movimento superficial da sociedade ocupando o espaço geográfico, decorrente das atividades econômicas ou dos ciclos econômicos de época, impulsionados a partir dos volumes dos incentivos e isenções fiscais, o que vai provocar um crescimento médio de 28,3% nos arruamentos, a cada dez anos na MRGTA, trazendo mudanças mais agressivas à paisagem rural dessa microrregião, conforme Figura 16.

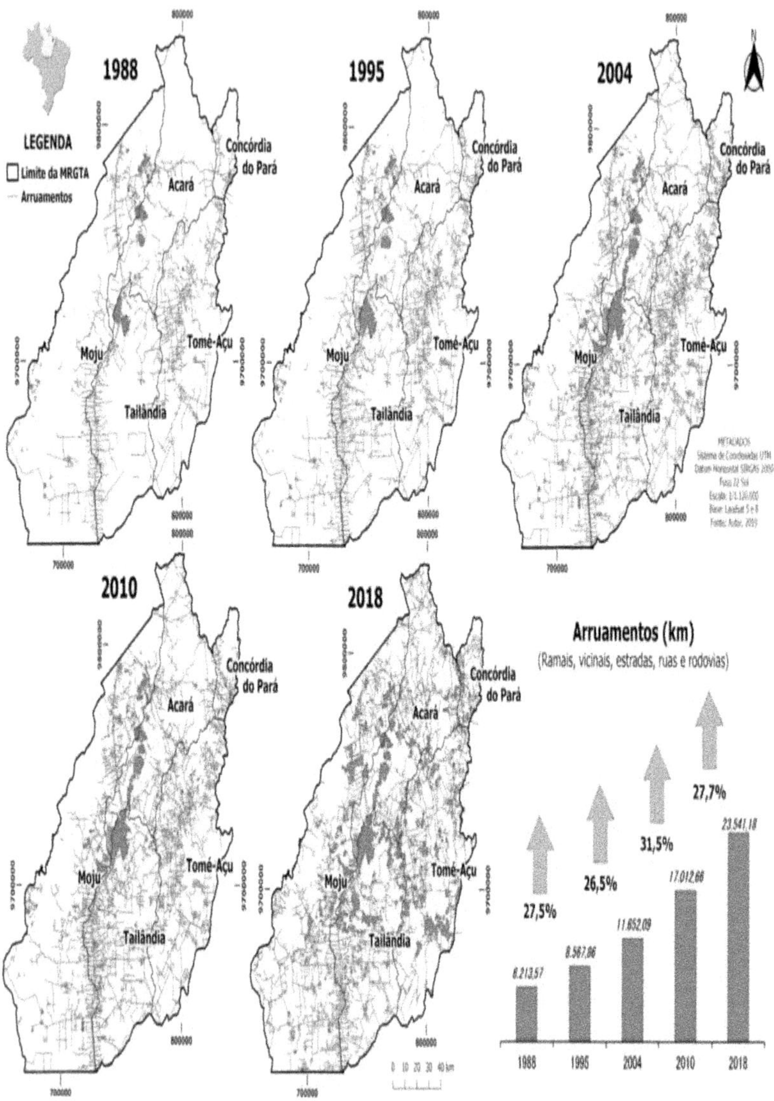

Figura 16 – Evolução e distribuição espacial dos arruamentos na MRGTA de 1988 a 2018

Fonte: Mapeado pelo autor em imagem Landsat TM7 e OLI/8 (2019)

O aumento dos ramais, vicinais, estradas, ruas e rodovias produziram uma metamorfose no cenário da MRGTA, pela inicialmente derrubada da floresta, que vai ao chão de forma jamais vista entre 1995 a 2008, e posteriormente para a implantação da pecuária extensiva, e após 20 anos de uso irrestrito vai dar origem a regiões economicamente estagnada e ambientalmente degradada, que servirá para a expansão do cultivo dos dendezeiros a partir do ano de 2000.

Considerações finais

Com as análises, percebe-se que a paisagem da microrregião de Tomé-Açu é um sistema, que reúne e organiza diversos elementos ou partes que se completam para poderem funcionar, por isso, o exame da evolução dos talhões de dendê e dos arruamentos ao longo de 30 anos foi um desafio, pois são em partes resultados do poder público por meio de planos e programas para o desenvolvimento regional.

Os eventos históricos e cronológicos, da formação da dendeicultura, evidenciam que em cada período houve vertentes que possibilitaram o progresso das áreas de dendezais na Amazônia, em especial na MRGTA, principalmente os advindos de incentivos e créditos fiscais dos órgãos municipais, federais e algumas vezes estaduais, possibilitando a consolidação das fases de sua expansão, muitas das vezes com transferência de mazelas e problemas para os períodos seguintes, pois estas não se sobrepõem, mas combinam-se, provocando mudanças distintas no desenvolvimento da dendeicultura, na vida do camponês e na paisagem rural dessa microrregião.

A paisagem da dendeicultura misturam-se a cada ano analisado, e apesar de terem sido interpretados separadamente, por possuírem registros e/ou datas específicas de acontecimentos, sua dinâmica ocorreu também em função de eventos exteriores, a exemplo, de crises mundiais e anomalia dessa monocultura, que potencializaram ou interferiram na dinâmica do cultivo, na definição de polos e zonas de preferências de plantio.

Logo, percebe-se que há uma relação entre políticas públicas e dendeicultura, sendo capaz de produzir mudanças no mosaico da paisagem rural. Todavia, essa microrregião não é apenas receptáculo da história do dendezeiro, mas alvo dos discursos e das ações para o desenvolvimento territorial, para geração de trabalho, emprego, renda e inclusão social, muitas das vezes sem respeito aos limites físicos protegidos por Lei, sendo o corolário disso, os impactos ambientais, a concentração de terras, a monopolização do uso dos recursos hídricos, o assoreamento de nascentes, bem como, no aumento do risco da produção das culturas alimentares tradicionais, como a mandioca, que tem perdido espaço de cultivo para o dendê.

Com os resultados do trabalho, entende-se que deve haver um limite na perspectiva da transformação que um grande empreendimento econômico pode ocasionar em um determinado espaço geográfico, e por conseguinte, na paisagem. Assim, as análises, gráficos e figuras apresentados, foram um esforço, para subsidiar um olhar sobre as políticas públicas da dendeicultura e a evolução dos talhões de dendezeiros e dos arruamentos como marcas descritivas que possibilita o entendimento das transformações nos padrões espaciais do uso transitório da terra dessa microrregião, que está bem diferente dos tempos passados.

Declaramos que a paisagem rural da microrregião de Tomé-Açu, tem hoje uma nova temporalidade e espacialidade, que foram resultados da lógica de uma lei, de uma portaria e/ou decretos, que consolidam a Palma de óleo, conforme o mercado mundial, a obrigação de preservação da floresta, a produção integrada, bem como, da reedição da função econômica dessa microrregião como nova fronteira do biodiesel.

A formação da paisagem da Microrregião de Tomé-Açu, liberou um olhar da linha evolutiva e histórica da reverberação dos dendezeiros na região norte, bem como deixou um panorama diferenciado da chegada, do crescimento, da materialização da cultura do dendê ao longo de mais de 30 anos.

Por fim, os resultados apresentados, mesmo que preliminares, podem auxiliar na indicação de alternativas de proteção e conservação do solo, da água, do balanço e troca de energia entre a superfície e a atmosfera, além de ser uma visão sobre a necessidade de se avaliar a responsabilidade daqueles que pretendem de forma indiscriminada e, sem critério alargar as áreas de cultivos dos dendezeiros dessa microrregião.

Á Guisa de recomendações

Com base nas considerações finais, sugere-se o estabelecimento de leis e medidas para disciplinar as formas de mudanças da paisagem da microrregião de Tomé-Açu, garantindo sua sustentabilidade. Portanto, precisa-se que as ferramentas de proteção e conservação do meio ambiente sejam respeitadas, antes da introdução de novos elementos da paisagem, a exemplo, dos dendezeiros e ramais do dendê. Isto significa saber usufruir das riquezas naturais, mas sem a esgotar, destruí-la e degradá-la, dando condições de continuidades de vida das espécies que nela habitam.

Neste sentido, aconselha-se que seja realizado um novo mapeamento dos dendezeiros com base nos mais de 800 polígonos de dendezais identificados neste trabalho, mas agora por meio da segmentação dos estádios de desenvolvimento ou época de plantio (estádio fenológico), estimativa de biomassa e de produtividade, além do mapeamento de distúrbios e estresses hídrico, produtividade da cultura, bem como a aplicação de índices de vegetação, comumente utilizados no monitoramento de culturas agrícolas.

Alude-se para avaliação da ampliação do plantio dos dendezeiros, inclusive consorciados a outras culturas mais adequadas a região, visando aumentar a renda da população envolvida na atividade, o que deve possibilitar a conservação do solo e interação biológica entre todas as espécies cultivadas e outros recursos naturais, respeitando a biodiversidade deste espaço geográfico.

Por fim, recomendamos que as empresas do dendê tenham maior interação com as comunidades científica e programas de pós-graduações, para que se possa ratificar, retificar e ampliar os resultados dos trabalhos elaborados, para poderem servir como instrumentos de tomada de decisão.

REFERÊNCIAS

ABRAMOVAY, R. Agricultura familiar e desenvolvimento territorial. **Reforma agrária**, v. 28, n. 1, p. 2, 1998. Disponível em: <https://wp.ufpel.edu.br/ppgdtsa/files/2014/10/Texto-Abramovay-R.-Agricultura-familiar-e-desenvolvimento-territorial.pdf>. Acesso em: 15 nov. 2019.

ALMEIDA, O.; GUIMARÃES, J.; RIVERO. **O Arranjo Produtivo Local do Dendê Nordeste Paraense**. Arranjos produtivos locais na Amazônia Legal / Índio Campos (org.). – Belém SUDAM: UFPa: FADESP, 2009. 336 p: il.; 22cm. Disponível em: <>. Acesso em: 12 out. 2019.

ARAÚJO, C. T. D. **Mudanças na paisagem da região de Tailândia, Estado do Pará, entre os anos de 1985 a 2015**. 2017. xvii, 146 f., il. Dissertação (Mestrado em Ciências Florestais) - Universidade de Brasília, Brasília, 2017. Disponível em:<http://repositorio.unb.br/handle/10482/23648>. Acesso em: 01 ago. 2018.

BALLOU, R. H. **Gerenciamento da Cadeia de Suprimentos-**: Logística Empresarial. Bookman Editora, 2009.

BARROS, A. C.; VERRÍSIMO, A. **Expansão da atividade madeireira na Amazônia: Impactos e perspectivas para o desenvolvimento do setor florestal no Pará**. 1ª edição, Belém: Imazon, 1996.

BECATTINI, N. **A verdadeira história por trás da lenda de El Dorado**, 2018. Disponível em:<https://www.360meridianos.com/especial/el-dorado-lenda>. Acesso em: 18 jun. 2019.

BECKER, B. **Amazônia**. São Paulo: Ática, 1997.

BECKER, B. **Amazônia: geopolítica na virada do III milênio**. Rio de Janeiro: Garamond, 2009. 168p.

BEMERGUY, A.; GUEDES, L. B.; PIMENTEL, M. A. **Estudo Amazônico: História e Geografia** - Vol. 3 / Coordenação Mauro Cezar Coelho e Márcia Aparecida da Silva Pimentel – 1 ed. (Coleção Paradidática 6° ao 9° ano) – Belém: Estudo Amazônico, p152p, 2012.

BENTES, E. dos S.; HOMMA, A. K. O. Importação e exportação de óleo e palmiste de dendezeiro no Brasil (2010-2015). In: **Embrapa Amazônia Oriental-Artigo em anais de congresso (ALICE)**, 2016, Maceió. Desenvolvimento, território e biodiversidade: anais eletrônicos.[Sl]: SOBER, 2016., 2016. Disponível em: <https://www.embrapa.br/amazonia-oriental/busca-de-publicacoes/-publicacao/1047100/importacao-e-exportacao-de-oleo-e-palmiste-de-dendezeiro-no-brasil-2010-2015>. Acesso em: 05 nov. 2019.

BERQUE, A. **Paisagem-Marca, Paisagem Matriz: Elementos da Problemática para uma Geografia Cultural** In: CORRÊA, R. L. & ROSENDAHL, Z. (orgs) Paisagem, Tempo e Cultura. Rio de Janeiro: Eduerj, 1998.

BOARI, A. de J. Estudos realizados sobre o amarelecimento fatal do dendezeiro (Elaeis guineensis Jacq.) no Brasil. **Embrapa Amazônia Oriental-Documentos (INFOTECA-E)**, 2008. Disponível em: <https://www.embrapa.br/busca-de-publicacoes/-/publicacao/410160/estudos-realizados-sobre-o-amarelecimento-fatal-do-dendezeiro-elaeis-guineensis-jacq-no-brasil>. Acesso em: 15 set. 2019.

BRASIL, Lei N° 9.478, de 6 de agosto de 1997. **Dispõe sobre a política energética nacional, as atividades relativas ao monopólio do petróleo, institui o Conselho Nacional de Política Energética e a Agência Nacional do Petróleo e dá outras providências**. Disponível em: <http://www.planalto.gov.br/ccivil_03/leis/L9478.htm>. Acesso em: 22/10/2018.

BRASIL. **Diagnóstico da Produção Sustentável da Palma de Óleo no Brasi**. Ministério da Agricultura, Pecuária e Abastecimento. – Brasília: Mapa/ACE, 2018 Disponível em: <https://aprobio.com.br/novosite/wp-content/uploads/2018/08/Diagn%C3%B3stico-Prod-Sust-da-Palma-de-%C3%93leo_MAPA_2018.pdf>. Acesso em: 15 out. 2019.

CAMPOS, M. C. Modernização da agricultura, expansão da soja no Brasil e as transformações socioespaciais no Paraná. **Revista Geografar 6.1** (2011). Disponível em: <https://revistas.ufpr.br/geografar/article/view/21808>. Acesso em: 15 out. 2019.

CÉSAR, A. da S.; BATALHA, M. O. Biodiesel in Brazil: history and relevant policies. **Journal of Agricultural Research**, v.5, p.1147-1153. 2010. Disponível em: <https://www.researchgate.net/profile/Aldara_Cesar/publication/311680197_Biodiesel_no_Brasil_Uma_Perspectiva_Historica/links/58a48d05a6fdcc0e075a3b0d/Biodiesel-no-Brasil-Uma-Perspectiva-Historica.pdf>. Acesso em: 12 ago. 2019.

COSTA, F. A. **Formação rural extrativista na Amazônia: os desafios do desenvolvimento capitalista (1720-1970)**. Belém: NAEA. (Coleção Economia Política da Amazônia. Série III – Formação histórica, v. 1), 2012.

COSTA, M. D. R.; HOMMA, A.; REBELLO, F.; SOUZA FILHO, A. D. S.; da COSTA, W. B.; FERNANDES, G. D. C. Atividade agropecuária no Estado do Pará. **Embrapa Amazônia Oriental-Documentos (INFOTECA-E)**, 2017. Disponível em: <https://www.infoteca.cnptia.embrapa.br/infoteca/handle/doc/1073940>. Acesso em: 26 mar. 2017.

CRUZ, R. H. R. R; DE FARIAS, A. L. A. Impactos Socioambientais de Produção de Palma de dendê na Amazônia Paraense: Uso de Agrotóxicos. **Revista GeoAmazônia**, v. 5, n. 10, p. 86-109, 2018.

Disponível em: <http://www.geoamazonia.net/index.php/revista/article/view/153>. Acesso em: 12 set. 2019.

DANIEL, J. **Tesouros descobertos do rio Amazonas**. Biblioteca Nacional, 1976.

DIAS, C. L; DE SOUZA, R. L. **Desenvolvimento de Plantações Satélites. Projeto Dendê**. Secretaria de Estado de Agricultura, SAGRI, 1973.

DOS SANTOS, C. B. **Dendeicultura e Comunidades Camponesas da Amazônia Paraense**. Clube de Autores, 2016.

DOS SANTOS, J. C., HOMMA, A., SENA, A. D. S., & DE MENEZES, A. J. E. A. Avaliação do desempenho econômico e do potencial de geração de renda da estrutura produtiva de pequena escala de dendezeiro híbrido interespecífico na mesorregião metropolitana de Belém, Pará. In: **Embrapa Amazônia Oriental-Artigo em anais de congresso (ALICE)**. In: CONGRESSO DA SOCIEDADE BRASILEIRA DE ECONOMIA, ADMINISTRAÇÃO E SOCIOLOGIA RURAL, 55., 2017, Santa Maria, RS. Inovação, extensão e cooperação para o desenvolvimento. Brasília, DF: SOBER, 2017., 2017. Disponível em: < https://www.alice.cnptia.embrapa.br/handle/doc/1074509>. Acesso em 10 out. 2019.

ENRÍQUEZ, G.; SILVA, M. A.; CABRAL, E. Biodiversidade da Amazônia: usos e potencialidades dos mais importantes produtos naturais do Pará. **In: Biodiversidade da Amazonia: usos e potencialidades dos mais importantes produtos naturais do Para.** Numa/Ufpa, 2003. Disponível em: < http://bases.bireme.br/cgi-bin/wxislind.exe/iah/online/?IsisScript=iah/iah.xis&src=google&base=REPIDISCA&lang=p&nextAction=lnk&exprSearch=26736&indexSearch=ID >. Acesso em: 22 abril. 2018.

FITZ, Paulo Roberto. **Geoprocessamento sem complicação**. Oficina de textos, 2018.

FLORENZANO, T. G. **Imagens de satélite para estudos ambientais**. São Paulo: Oficina de Textos, 2002.

FURLAN JÚNIOR, J.; KALTNER, F.J.; AZEVEDO, G.F.P.; CAMPOS, I.A. **Biodiesel: Porque têm que ser dendê.** Belém, PA: Embrapa Amazônia Oriental, 2006. Disponível em: <http://www.cpatu.embrapa.br/publicacoes_online/livros/biodiesel-por-que-tem-que-ser-dende/at_download/PublicacaoArquivo>. Acesso em: 21 nov. 2017.

GUANZIROLI, C. E. PRONAF dez anos depois: resultados e perspectivas para o desenvolvimento rural. **Revista de economia e sociologia rural**, v. 45, n. 2, p. 301-328, 2007. Disponível em: <https://www.scielo.br/scielo.php?pid=S0103-20032007000200004&script=sci_arttext&tlng=pt. Acesso em: 9 nov. 2019.

HOMMA, A. K. O. **A (ir) racionalidade do extrativismo vegetal como paradigma de desenvolvimento agrícola para a Amazônia. Amazônia**: desenvolvimento ou retrocesso. Org. DA COSTA, J. M. M.; MATTOS, A. M. Edições Cejup, 1992.

HOMMA, A. K. O. O desenvolvimento da agroindústria no estado do Pará. **Embrapa Amazônia Oriental-Artigo em periódico indexado (ALICE)**, 2001. Disponível em: <https://www.alice.cnptia.embrapa.br/bitstream/doc/403795/1/4725.pdf>. Acesso em: 11 nov. 2019.

HOMMA, A. K. O. Cronologia do cultivo do dendezeiro na Amazônia. **Embrapa Amazônia Oriental-Documentos (INFOTECA-E)**, 2016. Disponível em: <https://www.infoteca.cnptia.embrapa.br/infoteca/handle/doc/1056562>. Acesso em: 11 jan. 2017.

HOMMA, A. K. O.; DE MENEZES, A. J. E. A.; MONTEIRO, K. F. G.; DOS SANTOS, J. C., REBELLO, F. K.; COSTA, D. H. M.; DA MOTA JUNIOR, K. J. A. **Integração grande empresa e pequenos produtores de dendezeiro: o caso da comunidade de Arauaí, município de Moju, Pará.** Embrapa Amazônia Oriental-Boletim de Pesquisa e Desenvolvimento (INFOTECA-E), 2014. Disponível em: <https://www.infoteca.cnptia.embrapa.br/bitstream/doc/991676/1/BDP92.pdf>. Acesso em: 23 set. 2019.

HOMMA, A. K. O.; FURLAN JÚNIOR, J. **Desenvolvimento da dendeicultura na Amazônia: cronologia**. In: MÜLLER, A. A.; FURLAN JÚNIOR, J. Agronegócio do dendê: uma alternativa social, econômica e ambiental para o desenvolvimento sustentável da Amazônia. Belém, PA: Embrapa Amazônia Oriental, 2011. p. 193-207. Disponível em: <https://www.embrapa.br/web/mobile/publicacoes/-/publicacao/1056562/cronologia-do-cultivo-do-dendezeiro-na-amazonia>. Acesso em: 05 jun. 2017.

HOMMA, A. K. O.; VIEIRA, I. C. G. Colóquio sobre dendezeiro: prioridade de pesquisas econômicas, sociais e ambientais na Amazônia. **Amazônia: Ciência & Desenvolvimento, Belém**, v. 8, n. 15, p. 79-90, 2012. Disponível em: <https://www.alice.cnptia.embrapa.br/handle/doc/968530>. Acesso em: 17 abr. 2018.

JENSEN, J. R. **Sensoriamento Remoto do Ambiente: uma perspectiva em recursos terrestres**. 2da Edição traduzida pelo Instituto Nacional de Pesquisas Espaciais - INPE. São Paulo, Parêntese, 2009. 672 p.

LESSA, R. **Amazônia: As Raízes da destruição** / Ricardo Lessa; Coordenação Emir Sader. – São Paulo, 1991. – Série história viva). 83 p.

MAHAR, D. J. **Desenvolvimento econômico da Amazônia: uma análise das políticas governamentais**. IPEA/INPES, 1978.

MARTINELLO, P. **A batalha da borracha**. Universidade Federal do Acre, 1988.

MEIRELLES FILHO, J. **Amazônia: o que fazer por ela?**. São Paulo, Companhia Editora Nacional, 1986.

MOREIRA, R. **Repensando a Geografia**. In: SANTOS, Milton (org.). Novos Rumos da Geografia Brasileira. 3ª ed. São Paulo: Hucitec, 1993.

MÜLLER, A. A., ALVES R.M. A dendeicultura na Amazônia brasileira. **Embrapa Amazônia Oriental-Documentos (INFOTECA-E)**, 1997. Disponível em: <https://www.infoteca.cnptia.embrapa.br/bitstream/doc/374987/1/CPATUDoc91.pdf>. Acesso em: 10 jan. 2018.

MURGEL BRANCO, S. **O desafio amazônico** / Samuel Murgel Branco. – São Paulo: Moderna, 1989. (Coleção polêmica). 100 p.

NAHUM, J. S. De ribeirinha a quilombola: dinâmica territorial de comunidades rurais na Amazônia Paraense. Campo-Território: **Revista De Geografia Agrária**, v. 6, n. 12, 2011. Disponível em: <http://www.seer.ufu.br/index.php/campoterritorio/article/view/13470>. Acesso em: 10 jul. 2019.

NAHUM, J. S. **Dendeicultura e Dinâmicas Territoriais do Espaço Agrário Na Amazônia Paraense**. Clube de Autores, 2014. Disponível em: <http://www.revistas.usp.br/geousp/article/view/122591>. Acesso em: 23 fev. 2017.

NAHUM, J. S. O boom do dendê na microrregião de Tomé-Açu, na Amazônia paraense. Confins. Revue franco-brésilienne de géographie/**Revista franco-brasilera de geografia**, n. 25, 2015. Disponível em: <https://journals.openedition.org/confins/10536> Acesso em: 11 out. 2019.

NAHUM, J. S. Uma interpretação geográfica da dendeicultura na Amazônia Paraense. **Revista da ANPEGE**, v. 11, n. 15, p. 309-331, 2015. Disponível em: <http://anpege.org.br/revista/ojs-2.4.6/index.php/anpege08/article/view/423>. Acesso em: 25 fev. 2017.

NAHUM, J. S.; DOS SANTOS, C. B. Agricultura familiar e dendeicultura no município de Moju, na Amazônia paraense. Cuadernos de Geografía: **Revista Colombiana de Geografía**, v. 27, n. 1, p. 50-66, 2018. Disponível em:<https://www.redalyc.org/jatsRepo/2818/281854495004/html/index.html>. Acesso em: 9 set. 2019.

NAHUM, J. S.; DOS SANTOS, C. B. Dendeicultura e descampesinização na Amazônia paraense. **Campo-Território**: **Revista de geografia agrária**, v. 9, n. 17, 2014. Disponível em: <http://www.seer.ufu.br/index.php/campoterritorio/article/view/23628>. Acesso em: 17 abr. 2019.

NAHUM, J. S.; DOS SANTOS, C. B. Impactos socioambientais da dendeicultura em comunidades tradicionais na Amazônia paraense. 2013. **ACTA Geográfica**, Boa Vista, Ed. Esp. Geografia Agrária, 2013. p.63-80, 2013, Disponível em: <https://revista.ufrr.br/actageo/article/view/1953>. Acesso em: 17 jul. 2019.

NETO, M. **O Dilema da Amazônia** / Miranda Neto; apresentação [de] Arthur Cezar Ferreira Reis. – Petrópolis: Vozes, 1979.

OLIVEIRA NETO, A. C. **Territórios subordinados: análise da política de desenvolvimento territorial a partir da produção de óleo de palma pela Agropalma em assentamentos de reforma agrária no Pará**. Tese de Doutorado apresentada ao Programa de Pós-Graduação em Geografia da Universidade Estadual Paulista Júlio de Mesquita Filho, 2017. Disponível em: <https://repositorio.unesp.br/handle/11449/151496> Acesso em: 22 fev. 2018.

PANDOLFO, C. **A Cultura do Dendê na Amazônia**. Belém SUDAM, 1981, 35p. ilustr. Tab.

PASSOS, E. Fitogeomorfologia e análise ambiental. **Raega-O Espaço Geográfico em Análise**, v. 1, 1998. Disponível em: <https://revistas.ufpr.br/raega/article/view/17922>. Acesso em: 10 jun. 2019.

PORTELA, P. L. S. **Design de superfície têxtil a partir do dendê**. 2015. 124 f. Dissertação (Mestrado Acadêmico em Desenho Cultura e Interatividade) - Universidade Estadual de Feira de Santana, Feira de Santana, 2015. Dsiponível em: http://tede2.uefs.br:8080/handle/tede/385 >. Acesso em: 25 set. 2019.

RAMALHO FILHO, A.; DA MOTTA, P.; FREITAS, P.; TEIXEIRA, W. **Zoneamento agroecológico, produção e manejo para a cultura da palma de óleo na Amazônia. Rio de Janeiro: Embrapa Solos**, 2010. Disponível em: <http://www.abrapalma.org/pt/wp-content/uploads/2015/01/ABRAPALMA-Tudo-Sobre-Palma.pdf>. Acesso em: 22 out. 2017.

RIBEIRO, L. C. **"Mesmo com essas coisas ruins que o dendê trouxe, eu não saio daqui": resistência a agroindústria do dendê na comunidade do Castanhalzinho em Concórdia do Pará**. Dissertação apresentada para obtenção do grau de Mestre em Agriculturas Familiares e Desenvolvimento Sustentável. Universidade Federal do Pará. Área de concentração: Agriculturas Familiares e Desenvolvimento Sustentável, 2017. Disponível em:<http://ppgaa.propesp.ufpa.br/dissertacoes_mafds/Turma%202015/Lissandra-Disserta%C3%A7%C3%A3o-10112017-Env.pdf>. Acesso em: 12 set. 2019.

ROCHA, M. G. **Fatores limitantes à expansão dos sistemas produtivos de palma na Amazônia**. xii, 2011. 133 f., il. Dissertação (Mestrado em Agronegócios) - Universidade de Brasília, Brasília, 2011.

Disponível em: <http://repositorio.unb.br/handle/10482/8838>. Acesso em: 28 fev. 2018.

SANTOS, A. R. S. **Conflitos socioambientais, capital e dendeicultura: as estratégias das empresas de dendê e suas contradições na Amazônia paraense**. 2018. 109 f. Dissertação (Mestrado) - Universidade Federal do Pará, Núcleo de Meio Ambiente, Belém, 2018. Programa de Pós-Graduação em Gestão de Recursos Naturais e Desenvolvimento Local na Amazônia. Disponível em: <http://repositorio.ufpa.br/jspui/handle/2011/10072>. Acesso em: 13 nov. 2019.

SANTOS, M. A. **A natureza do espaço: técnica e tempo, razão e emoção**. Edusp, 2002.

SANTOS, M. A. **Metamorfoses do espaço habitado**. 3. edição. São Paulo: HUCITEC, 2008.

SCHMITT, C. J. Aquisição de alimentos da agricultura familiar Integração entre política agrícola e segurança alimentar e nutricional. **Revista de política agrícola**, v. 14, n. 2, p. 78-88, 2005. Disponível em:<https://seer.sede.embrapa.br/index.php/RPA/article/view/539>. Acesso em: 10 nov. 2019.

SILVA, J. D.; ZAIDAN, R. T. **Geoprocessamento & meio ambiente**, 2011. Rio de Janeiro: Bertrand Brasil, 324.

SILVA, M. A.; BURGEILE, O. A Política de Migração e Colonização na Amazônia e em Rondônia e as Diversas Formas de se Pensar esta Região sob os Viés Político e Econômico. **Revista Labirinto**, v. 21, p. 383-399, 2015. Disponível em: <http://www.periodicos.unir.br/index.php/LABIRINTO/article/view/1238>. Acesso em: 5 jan. 2018.

SUAREZ, P. A. Z.; MENEGHETTI, S. M. P. 70th anniversary of biodiesel in 2007: historical evolution and current situation in Brazil. **Química Nova**, v. 30, n. 8, p. 2068-2071, 2007. Disponível em: <http://www.scielo.br/scielo.php?pid=S0100-40422007000800046&script=sci_arttext&tlng=ES>. Acesso em: 02 fev. 2018.

TEXEIRA JÚNIOR, T. **Fazendo as pazes com a natureza? Estudo sobre a implantação do Projeto "Município Verde" em Paragominas – PA**. 1. ed. – Curitiba: Editora Prisma, 2017.

VAN DEURSEN VARGA, I. De remover a'deslocar'os Awá. Abya-yala: **Revista sobre Acesso à Justiça e Direitos nas Américas**, v. 1, n. 1. Disponível em: <Downloads/6780-Texto%20do%20artigo-11771-1-10-20180208%20(1).pdf>. Acesso em: 12 set. 2019.

VILLELA, A. A. **Expansão da palma na Amazônia Oriental para fins energéticos. 2014. 360 f.** 2014. Tese de Doutorado. Tese (Doutorado) - Instituto Alberto Luiz Coimbra de Pós-Graduação e Pesquisa de Engenharia, Universidade Federal do Rio de Janeiro, RJ. Disponível em: <http://ppe.ufrj.br/index.php/pt/publicacoes/teses-e-dissertacoes/2014/376-expansao-da-palma-na-amazonia-oriental-para-fins-energeticos>. Acesso em: 18 fev. 2018.

WILKINSON, J.; HERRERA, S. (2008). **Os agrocombustíveis no brasil. Quais perspectivas para o campo**, 2008. Disponível em: <http://www.observatoriodoagronegocio.com.br/page41/files/AgroCBRPerspectivasNov08.pdf>. Acesso em: 28 fev. 2018.

www.ingramcontent.com/pod-product-compliance
Ingram Content Group UK Ltd.
Pitfield, Milton Keynes, MK11 3LW, UK
UKHW021939190726
13853UKWH00004B/1542

9 786588 347027